大展好書 好書大展

大展好書 好書大展

社會人智囊

34

女職員培育術

林慶旺 編著

大展出版社有限公司

前言

最近任何工作場所都開始重視女職員的戰鬪力。有的公司女職員占全體職員的四成，在女職員擔任重要業務的企業中，女職員的戰鬪力是決定企業活動盛衰的重要因素。

訓練女職員，應本著「不傷害對方」來指導職員。為了要充分利用女職員的能力，必須要讓女職員有悠然自得的行為。因此，首先必須讓女職員充分學習身為一名社會人士應具備的禮儀、行為與常識。

女性修身的場所如今已不在學校或家庭，而是工作崗位，所以從打招呼問候的方法、儀容、措辭等基本開始教育女職員。在學校或家庭不太重視修身禮儀的社會狀況來看，有必要教導年輕女性這些基本的禮貌。

「最近年輕女性修養不夠，到底學校或家庭教了些什麼？」

經常聽到管理者如此感嘆地說。的確，就拿新進女職員來說，她們並不十分了解社會人應有的禮儀、禮節。比較極端的情況是在工作場所不能正確地做好問候的動作。看著這種年輕女性的「實態」，企業的管理者沒有不頭疼。

不過，她們不能學到社會人應有的禮儀、禮節並不能全怪罪於學校或家庭，對於這種情形又不採取任何對策的管理者，本身也應該加以檢討。在工作場所中若有教養不夠的女職員，必須嚴格地教育，使她們成為有戰鬪力的成熟女性，是當前管理者的任務。

「嚴格教育」或許很容易使人聯想到非人性的斯巴達式教育。當然並不是主張無視女職員的人性而嚴厲地教導。而是以不傷害她們的人格，利用理性的方法徹底地實施教育，因此，必須要有一點修性的技術。

例如，女職員的儀容不整時，若一一地指責，反而會使她有反抗心而不肯接受。這時可在工作場所的空位上放置一面鏡子。

如此一來，女職員由自動自發地整理自己本身的儀容，進而注意到外在的修養。

禮儀、禮節並不是管理者單方下命令就可行的，有賴於女職員能自動自發，因此必須要有小集團活動。這種作法可以使她們認真地思考該如何表現工作場所的禮儀。教育職員若能運用一點技巧，女職員也會坦然地接受管理者的建議，而成為獨當一面的社會女性。

本書嚴格地列出適合任何企業的有效方法介紹給各位。首先第一章是工作場所的禮儀、作法的訣竅，第二章是巧妙指責的訣竅，三、四、五章是激發幹勁的訣竅、策定戰鬪力的訣竅、建立信賴關係的訣竅等將分別介紹。

本書若能讓讀者在教育女職員方面有所參考，則內心深感欣慰。

目錄

目　錄

第二章　巧妙指責的訣竅

第三章　啟發幹勁的訣竅

第四章　策定戰鬪力的訣竅

第五章　建立信賴關係的訣竅

第一章　教導工作場所的應對禮儀訣竅

◉想成為一流的女職員絕對不能哭

最近的年輕女性和以前比起來不容易讓別人看到眼淚。在工作崗位上，雖然比男性心軟，不過女性職員也不會輕易地流露脆弱的情感。

不過一旦發洩，哇地一聲大哭出來的仍然是女孩子。工作上犯了大錯，被嚴厲斥責，或是人際關係處得不好等情形時，會哭出來的女性職員不在少數。

男性在本能上最怕女孩子哭。要是像自己女兒般大的女性職員哭了的話，中年的主管不知該如何是好，總之，要停止哭泣只好一味地安慰。不過，在商場上要培育一位能獨當一面的女性職員，絕對拒絕「淚的訴苦」。

工作上的眼淚是撒嬌的象徵。如果允許哭泣，就不可能對女性職員嚴格地訓練。一旦女孩子哭了，最好不要聽她說的話。

等到她冷靜下來之後，再彼此心平氣和地談。

讓她知道光哭是沒什麼效用的。身為一位管理人員必須了解，要調教出一位能幹的女性職員的第一步，就是不容許有淚的訴苦。

◉提升女職員的舉止，首先得嚴格執行打招呼的禮節

現在，年輕女孩有不少人很難得說聲「早」。某公司指導職員的原則是「要讓對方喜歡你，自己必須主動對別人打招呼。最後獲益的是你自己。」

這是打招呼的「波及效果」。

這種效果就像向水中投石，水紋會向四方擴散。心情好而且很有元氣地說聲「早安！」別人也會同樣地向你打招呼說「早！」。如果那個人也對別人說「早！」同樣別人也會回他一聲「早安！」這樣一個接一個地打招呼，就會漸漸擴大波紋的圈。既然問候有這種波及效果，要提升女職員的氣質，指導問候的禮節確實是非常重要的。

由於自己主動先打招呼，所以學習經驗效果很大。「打招呼是一面鏡子」，如果自己很誠意地打招呼，同樣會收到別人誠意的回禮，如果你不講話，別人也不會開口。

女職員從問候中可以體會出「自己先誠心誠意向別人問候，別人也會誠意地回禮。」對於客人接待與電話的應對都有幫助。這也是嚴格執行問候的波及效果。

◉髮型、化妝等儀容的檢查，以「友情的建議」效果不錯

要注意女職員的髮型或化粧等儀容，對男主管而言是非常頭痛的問題。要是無心地說：「我討厭女人指甲擦得紅紅的」，一定會被反擊道：「課長喜歡呀！」這種工作單位上的氣氛，不應放在毫無意義的打扮上。

對於檢查儀容採取「友情的建議」。就是事先發給女職員「友情建議卡」，然後定期地彼此對同事的儀容打扮提出建議。

女職員兩人一組，而且在卡片上記名「給○○分公司○○小姐，提議者△△」。對於對方「應改善的地方」「優點」等，就自己所發現的儘量多寫。所建議的項目不只是儀表，對顧客的態度、動作或談話等工作上的技巧也包括在內。

用這種方法確實收到很大的效果。除了注重外表之外，連女性微妙的部份都注意到了，在公司裡同性同事間能坦白地給對方建議的體制，是值得提倡。

◉ 與其指示她不如讓她自動自發

最近的年輕人有很多是「等待指示族」。上司沒有指示就不去做。沒有工作也不會自己去找，就一直坐在椅子上等待指示。這就是「等待指示族」的特徵。這是在一九七六年某大企業的人事課長對當時新進職員的評價，不過最近這種人逐漸增加。

指導「等待指示族」時，最好不要一直指示他們「你那樣做」、「這樣做」。應該明確地給他指示重點，然後放手讓他自己去做。過多的指示反而會得到反效果。因為會養成其未得指示就不會主動去做的個性。

與其這樣，不如告訴他重點，剩下就交給他本人自由去做。要是他怠慢的話再提醒他，觀察他本人的行動然後將結果告訴他。對於習慣接受指示做事的「等待指示族」而言，不給他指示是一種逆療法。

因為「只會等待指示做事的人，就喪失了身為一位社會人的資格了」。所以，這是訓練「等待指示族」的第一步。

◉對新進職員初步指導，請百貨公司的講師來傳授比較好

教導禮節的高手，一定會想到對冠婚葬祭很熟的人，不過和商業上職員的禮儀、禮節似乎很多不同的地方。因為即使相同的舉動，在職員方面都是要使企業活動順利地向前推進。所以要訓練女職員的禮節，聘請在商務現場上的人員比較合適。

這種禮儀研修講師，聘請在百貨公司擔任教育管理者或主管來擔任的話，效果比較好。他們雇用許多的女職員，而且每位職員的待客態度對業績都有直接的影響，所以他們對於各種禮儀的教育知識相當豐富。

在不同性質的行業上，在管理方面也很多有出衆表現的女性。處理事務與男性的能力相等的女性，是新進女職員崇拜的偶像，這些人的話自然就比較有說服力了。

某資深百貨公司女職員曾說：「思想、對人的應對，掃除等工作崗位上的行為，對於將來的家庭有很大的幫助，這些都是身為社會人常用的基本原則。」

像這樣將自己在事業上的經驗告訴女性職員的話，相信她們也會欣然接受。

設置一面鏡子，可以防止女職員儀容凌亂。

◉ 擺設鏡子讓職員自動整理儀容

最近設計傾向常在牆壁上裝飾一面金屬片或鏡子。如此一來，在辦公室的女職員會經常整理自己的服裝儀容。

在女性的心理，只要有一面鏡子，她們下意識地會整理裝扮。

利用這種心理，上司不需要嘮叨，就可以提醒女職員注意儀容。不需要特定在一片牆壁上裝釘鏡子。只要在空位上準備能照到全身的鏡子也行。

這樣，就可以促使女職員自動自發地整理服裝、裝扮。

◉定期地舉行「社風革新運動」

女職員比男職員更有依賴心，而且容易影響周圍的氣氛。所以要徹底實行女職員的教育，個別指導的話效果不彰。

因此，必須除掉繁瑣的規範，全體一起來推動。

若定期舉行「革新社風運動」必定能收到效果。這項運動必須全體公司員工一齊參與，對工作單位舉行總檢討，如有否懶散怠慢的風氣，有無明確的責任劃分，是否有欠缺企業意識等。由全體員工指出壞的習慣，然後切合實際狀況的需要制定新規則，必能樹立更好的風氣。

定期製造這種機會以刺激單位上的員工。剷除半途而廢的家族主義風氣，問候與連絡報告的基本動作也會逐漸表現。只要周遭環境改變，容易受影響的女職員自然會傾向正確的方向。

這種熱心參與革新運動的意識，可以排除女職員對公司的疏離感，並養成責任心。

◉讓她調查競爭對手的職員，女職員會變得非常有禮貌

不論任何一家公司的女職員，禮儀教育是新人研修的必要科目。不過要成為有效的教育方法，即使將很多以前的修身教育方法，用於今日的ＯＡ時代。不過現代女性意識發生激變的現在，這種十年如一日的作法，不能得到預期的效果。

在此介紹一種有效的禮節教育方法。

那就是要新進職員調查競爭銀行的待人禮節。進入銀行或離開銀行的禮節，措詞、歸還存摺時確認人名與金額，預報等待時間等，列舉將近二十二項的調查，讓新職員一一親自目睹實際情況。然後將感想寫成報告。

這項調查的目的，在能與同行競爭做個比較，以提升新行員的水準，配合現代女職員的氣質。不喜歡別人指正的女職員，一旦發現競爭銀行的女職員行為，自己也會感受到自己的缺點。

◉ 錄影帶是指導接待客戶禮節的武器

將待客禮節印成手冊雖然可以用來指導女職員，不過想要隨時確實地實踐卻很難。或者覺得習慣了也會忽略了許多基本的動作。一成為老資格的女職員，不知不覺就會怠慢下來，有這種情況的話會對客戶造成不愉快的感覺。

但是這種細節部份要是上司經常嘮叨地指責，女職員實在也無法接受。所以能發揮威力的只有錄影帶了。

將實際待客禮節拍成錄影帶，然後全體一起邊看邊指出問題。這麽一來，手冊上所列的事項應該如何去實行，就可一目瞭然。將鏡頭設置在客戶的位置，就能發現櫃台內不易發覺的錯誤。若聲音不夠大，可由某職員請他到後面熱心向他說明，若桌子太小，可以到會客室去細心討論。

被拍攝的本人可以由畫面上發現自己無意識的缺點，而且反覆觀看，可以改正自己的動作。

◉活用「自我檢討表」徹底實行崗位上的禮節

自古以來，「觀察別人的行為，改正自己的缺點」是傳統的禮儀修正法。但是觀察別人改正自己，說起來容易，做起來卻很難。因為最重要的是自己舉止的問題出在哪裡？自己都無法確定。

要貫徹女職員禮儀的教養，首先必須先將每個人自己舉止的缺點找出來。所似要做「自我檢討表」。

在此介紹三井銀行的「電話應對，自我檢討表」。

在一張B４的紙張上記下各種檢討的項目，如電話的受方、經手人、打者，然後再各細分為三個項目。如在受方的項目下記著①是否電話鈴響三次就接電話？②接了電話時是否有向對方道歉說「讓您久等了」？③外線的話報名「三井銀行〇〇支店」，內線即報名「〇〇課〇〇人」，對客戶即報「〇〇課我是〇〇〇」。

像這樣的檢討項目列出約二十條。然後在一定的期間內以無記名方式向上司提出檢討表。有了「自我檢討表」女職員或上司就能正確地改善禮節。

◉明確指出營運方針、社訓等行動基準，有助於訓練女職員

貫徹修養最重要的是首先要改變工作崗位的風氣。單位風氣不好的話，再嚴格的教育也收不到效果。應遵守的基準是營運方針、訓社。營運方針是公司的基本方針，社訓是社員應遵守的訓示。

方針、社訓這種規定或許很多人覺得很古板、太拘泥形式。最近新的企業，有很多都沒有方針、社訓，即使有也都是個空殼而已。

簡單地說，營運方針與社訓就是規定全體職員應遵守的行為與道德。崗位上的習俗若都能根深蒂固在每位新職員心中，大家就能依方針社訓的指示行動。

在三井銀行將經營理念、行動方針或對客戶的服務等宣言都記在小卡片上讓行員便於攜帶，這種方法是最有效果的。

對常遲到的人，應問問理由。

◉喜歡遲到的女職員應詢問理由

平常不遲到的女職員要是現在經常遲到的話，管理者便應該去問一問理由「為什麼？」她就會坦白地說出她的苦惱。

不過，對於經常遲到的人，管理者幾乎不會過問她為何遲到。而且也不會提醒她要她注意。

但是對於常遲到的人一定要問出理由的話，往往會有意外的結果發生。就是每次都問她理由，然後她對於「睡過頭」或「公車等很久」等藉口便會漸漸減少，不知不覺她就會依照規定的時間上班了。

◉對於不能容忍的遲到者可以提供給人事課作為考核的基準

有不只一個月或二個月，甚至二年或三年沒遲到沒請假的女職員，也有提醒過好幾次還是經常遲到的人。

遲到對於「崗位上的風氣」影響很大。早上上班的時刻都過了，上司還在邊喝茶邊看報的工作單位，出勤卡上的數字大多是紅色。因為反正是看報紙，遲到五分、十分鐘也沒關係。

要消除遲到的習慣，建立一個人人怕遲到的規定比什麼都重要。比如，朝禮遲到的話就鎖住門不讓他進來，研修遲到的話就罰站等方法，依情況不同而做適當的調度。

有些企業，對於經常遲到的人提供給人事課作為考績採點的基準。具體地告訴本人，經常遲到對於晉昇，獎金等評定有負面的影響。能力的評價基準包括執務態度、業績的貢獻、昇格能力等，執務態度當然包括勤務態度。對於受不了的遲到者，人事課考察有權來克制他，這種方法也是治療遲到症的方法之一。

◉對愛說話的女職員可用工作來停止談話

男職員要是和同事一起喝酒談天的話，對單位的資料交流有很大的幫助。同樣地，女職員下班後聊天也會有很大的幫助。雖然如此，在上班中彼此聊天的話題不可忽略它的重要性。

對於喜歡聊天的女職員，可以利用「時間管理作業」限定時間把工作做好。規定「到幾點為止要完成某階段」利用時間把工作細分成好幾個階段。

如此一來，工作進度就能明確地表示出來。

整理傳票或信件等只需動手的單純作業，很容易一下子就聊起天了。不過，就算是這麼簡單的作業，為了要在規定的時間內完成，往往很容易造成緊張感而專心工作。

在主管鬆懈時女職員就會開始聊天。沒有時間限制，只吩咐她工作內容。「這份報告重寫一次，然後印三十份」課長交待完了之後就出去了。這種交待工作的方法很容易造成員工聊天的情況。

◉避免私用電話聊天首先要防止外線電話打進來

任何一家公司在研修期間都曾嚴格敎導禁止有私用電話，不過事實上，一不小心還是會有很多。據某公司調查統計，女職員私人電話的問題，幾乎大部份都不是自己打給別人，而是別人打進來。

這種情況並不表示工作崗位上就沒有私人電話。就算徹底實行禁止打私人電話，然而卻允許可以從外面打電話進來的話，那麼就永遠無法禁止在崗位上有私人電話。

「喂！小A，下週的週末一起去跳舞吧！有空嗎？」「好哇！你現在在哪？」「公司呀！中午休息時間嘛！我在自己的位置呀！我們公司不會管。課長還不是常和老婆聊天。」

聽了這番話，想要禁止私人電話，只是規定「不可在公司裡打私人電話」是不夠的。為了完全排除私人電話，應該提醒女職員，朋友或親人要不是有非常重要的事，最好不要打電話到公司。

◉避免有「欺侮新人」的情形，先恢復前輩的信心

ＯＡ化流行的現代，女性職員間的關係起了很大的變化。以前，知識經驗豐富的前輩女職員與不知道職務工作要領的新進女職員之間，很明顯有差別存在。

「這種事你也不會嗎？」前輩經常這樣責怪晚輩。但是，時代進步，新銳機種的電話和文字處理機的引進，使得這種前輩欺侮晚輩的關係因而崩潰了。能靈巧地操作ＯＡ機器的年輕女職員，就可以反過來對前輩說「你連這個都不會嗎？」若是單位上出現「欺侮晚輩」的情形，應該得預先想到會有這種情況發生。

所謂欺侮晚輩，很久以前是性格上有差異。最近雖然比較少了，不過如果發生欺侮新進職員時，先決條件要恢復老資格女職員的自信心。在同一工作單位上組成小集團，讓前輩做領導人好讓她發揮才能。

讓前輩在小集團活動裡發揮工作經驗與見識心得，就可防止欺侮無經驗的晚輩。

◉ 如果女職員間有歧見，應讓她們多了解共同的目標

學問的世界，很久以前曾用「學際」表示。所謂「學際」是指橫跨某學問領域與別的學問領域的邊界為研究的題目。不知何時將這個字改了，變成公司常用的「業際」「部際」「課際」。

大概是激烈的技術革新的衝擊，使得工作性質境界劃分不清。在工作崗位上，若職位職權畫分不清的話，便很容易造成困擾。

女職員之間在工作上要是反目成仇，會引起彼此侵犯對方職權的問題。要處理一個數字，是應該屬於總務的管理範圍，還是屬於經理管轄之內呢？不同的人負責辦這件事就有不同的處理方法，所以女職員就會意見不合而發生摩擦。

這種情形，部際與課際的共同目標，應該是怎麼處理才好。這時應該集合多數人的意見，共同解決問題比較好。因為個人處理容易感情用事，如果能集合多數人的想法，就能有效地解決問題。

◉知道女職員中小集團的領導人是誰，利用她來說服全體職員

要達成某項課題，事前得先了解女性職員的心理。例如要組織一個新的設計部，就得考慮是否和其他課的女職員共同作業的機會多不多。身為主管，不僅要下達業務命令，而且要有說服全員的能力，才能順利爭取到別課的協助。

不過，一旦說錯話就麻煩了。這時最好先打聽誰對女職員比較有影響力，即派別的「老大」。這裡的「老大」並不是太妹的老大，是指彼此感情很好又不拘禮節的小團體的代表人物。這種代表人物具有相當大的影響力。

要先了解每位的意見，最後歸納出一個結論時，小團體代表人物的發言，就是左右女性間輿論最有力的代表了。

平常午餐要吃什麼?燒烤類吃什麼?都是由她來調整意見做決定的，在工作上的問題也是一樣的。如果能說服這位代表人物，就如同說服全體女職員一樣。考慮這點的話，至少要將這位代表人物的電話號碼記在手冊上。

◉改掉女職員有撒嬌的口頭禪可利用小型朝會指導

女性之間常會流行一些慣用的口頭禪，自然地就成了年輕女性的「標準語」。雖然提醒她們注意，不過對於長期使用的語言，要改掉還實在是非常的不容易。要改掉這個習慣，可利用在小型朝會指正，效果不錯。

所謂小型朝會是指在同一單位工作的人，每人三分鐘簡單地做早晨的會晤交談。在小朝會裡輪流讓女職員發表談話。談話內容可以是當日重要的報紙新聞，也可以是閱讀心得。

總之，目的在於讓女職員有在大衆面前說話的機會。

主張小朝會讓女職員在適當的氣氛下，以一位社會人的身份做談話。三井銀行每天舉行小朝會，對於改掉俏皮的口頭語效果顯著。因為在朝會裡，若一直說俏皮的口頭禪，在場的女職員們就會掩面竊笑。這時參加的女職員也能接受另一項指導。就是除了笑別人之外，對自己語言的使用，也會有再一次的認識。

◉不會說出事情經過，可指導她先說結論

犯錯的女職員來報告。「嗯……因為……我……太忙……」嘴一張一合，實在也聽不出她在講什麼。讓聽者焦急地反問她「你想說什麼？」

遇到這種情形，可以試著讓她先說結果怎樣。即使不會說事情的經過，至少結果會說。不會將細節歸納組織，說了還是雜亂無章聽不懂。只要知道結果，就可以大概了解最初女職員想說什麼了。

要改正沒有組織話題能力的人，最好的方法就是讓他先把結論說出來。然後教她「5W1H」的方法，以便找出各詳細的原因。即WHY＝為什麼，WHO＝是誰，WHEN＝何時，WHERE＝什麼地點，WHAT＝什麼事，HOW＝怎麼會，等等。有了「5W1H」的概念，就能學習如何聽懂別人的話。

若只要求女職員有「5W1H」的概念，卻又不讓她們先道出結果，往往還是無法了解事情的原委。所以要先讓她們說出結果，再以「5W1H」去分析。

◉除了漫畫、雜誌之外，多讀修養之類的書，然後提出「讀書報告」

在公車裡常看到女性在閱讀一些流行雜誌。對於年輕女性所喜好的內容，依年齡的增長有所不同。

不過，公司組織裡的成員大部分都不太喜歡看教育修養類的書。如此一來，就無法學習到處理事務的能力，把握情勢以及學習一般的修養。如果能夠了解現有局勢與業務狀況的話，對上司的關心與工作的參與意識也會因此增強。可以用一些安慰鼓勵的話來關心上司，如：「現在情勢緊張，課長很辛苦吧！」等等。

督促女職員閱讀有關專業知識方面的書籍，可以用定期性閱讀的方式，或提出心得報告等方法。也可在公司內舉辦各種獎賞，以圖書禮券來作為獎品。並列舉一些有益業務方面的書籍以供職員參考。反正利用各種方法來提高讀書的意識。如果管理人員能努力推行，更能深植女職員修身教養。

◉喜歡批評上司的女職員應教導她改變她的看法

男職員下班之後往往會去喝一杯。這時下酒的好話題就是批評上司。同樣的，女職員聚集在一起的話題仍離不開批評上級主管。

仔細一聽，她們對上級主管的評語都很苛刻。

「在這種討厭的課長下做事，真受不了」「逼我們做這個做那個，功勞卻是他一個人獨占，絕不能原諒他」「拼命在算不合的帳時，他卻悠哉地說『倒茶』。真想叫他有空自己去倒。」「每次都叫『小妹』，我們可是有名有姓的。下次就叫他們『老公公』。」許多女職員會這樣抱怨。

不過從工作上的觀點看來，這些抱怨聲往往都是沒有水準的批評。對於那些上司壞話的女職員，應教導她們改變一下對事情的看法。

到底她們為了誰才工作？被差遣做事難道沒學到什麼？不能將上司的職務與人性混為一談。應該從多方面指導她們去看整件事。

◉在公司內舉行成人式，讓她覺得成為「成熟的女性」

「你們從今起已是位社會人了，應該有身為社會人應有的義務與責任感」——在新進職員的典禮中常會這麼說。高中畢業的女性職員本著這個訓辭進入公司三年後就邁向正式員工的階段了。工作到第三年時，女職員對公司的業務大致上都熟悉，而且當時剛進公司的緊張氣氛也已消失。

不過，這時的主管不會再希望女職員一直是嬌縱的態度，於是計畫出一套更高的目標來考驗這些女職員。要訓練出一位能獨當一面的女職員，必須使她自己有成熟女性的自覺，所以在崗位上舉行成人式的話，會有意外的效果產生。可以稱為是一種慶祝的儀式。

例如利用休息時間，在公司裡，以甜點、咖啡等開一個簡單隆重的成人宴會。最重要的是在衆人面前宣布「歡迎○○小姐加入成人的行列」。

這時有些主管會叫出本人來，然後對「成熟女性的義務與責任感」做一番的說教，這麼一來效果沒有預期的好。就算是用一塊巧克力糖來慶祝，只要有心意，效果都很好。

◉對遲到或聊天以「扣薪資○○元」為處罰手段

「朋友打電話來還悠閒地長聊起來」，「工作中還和同事閒聊」，「曾警告多次還是遲到」，像這種沒有時間觀念的女性職員，就沒有身為社會人士所應有的自覺，只是抱著學生生活的延長態度工作。

對這種女職員，最重要的是先教她了解「公司與自己的關係」。這時可以告訴她「你打私人電話花了幾分鐘，公司要付多少元電話費」。或者用更具體的方法讓她明白。

例如，一年的工作時間大約有十萬分鐘。

年收入除以萬分，平均起來就是每人每分鐘的薪資。要是年收入為一百萬元，一分鐘即十元的收入。若這只是薪資的話還好，要是再加上公司的福利、保險費的負擔、電費、帳單等等，算起來大約為百分之六。也就是一分鐘相當十六元的收入。所以用了十分鐘打私人電話，是相當於花了一百六十元，三十分鐘的聊天，就等於花了四百八十元，遲到十五分就折算二百四十元，共計損失八百八十元。這麼一來就從薪資中扣除這些費用，必可使公司職員了解在公司不應有私人之時間的認識。

◉學習機智的態度，並強調對職務的評價有很大貢獻

「某往來公司的經理去世了，準備奠儀吧！這麼說她也會準備喪章，包奠儀的紙、黑領結、念珠等，接電話要記備忘時桌上隨時都有筆與紙，現在管理者感嘆這種機靈的女性職員很少。

不過在感嘆之前，應該先想想如何教育她們具備這種習慣。一般而言，女性都比較在意別人對她的看法如何。

所以只要教導她，她必會努力學習，為了要有好的人際關係，她也會努力工作。無法明顯表現出機智的價值，工作場所上無法發揮也是重要的原因之一。

總之，流行手冊的今日，只要照手冊上的規定去做就可以了，很多女職員這麼想。手冊以外的事不能插手。要訓練一位有機智靈巧的人要先改變這種意識。還是管理者事先表示在勤務態度評估時，機靈的人比較能得到高分。一旦了解機靈對陞遷、獎金有直接關係的話，就會勤快地學習。

◉即使是老資格的女職員，對重大過失也絕不寬容

男性管理主管中，有不少人敵不過資格老的女職員。就因為如此，她們犯錯時，這些主管總是睜隻眼閉隻眼讓她逃過。這樣很容易造成新進女職員產生不公平的感覺。

職業棒球中，廣岡達朗被西武隊聘為監督時，為了要實施廣岡式的打法，最初對於田淵、大田、東尾等老資格的人採取嚴格的訓練態度。結果造成全隊的緊張感，不過也因此成了優勝的原動力。

在商場上，責罵老手效果比較大。因為老資格的人容易受到特別的待遇。所以對於老資格的人犯了錯，男性上司能嚴厲指責的話，也能讓新進社員對工作的嚴格性有了認識。而且對上司的處理方法有不公平的想法也消失。所以管理主管要知道，不敢罵老資格的人很容易被晚輩的女職員所輕視。

◉指導化粧的人，不是美容師而是美容部長

「粧是否化的太濃了？」像這樣具體地指出來，男性主管還有勇氣說。「眼影太濃了吧！」若是看不慣就當面指正她，結果傷了這位女職員的自尊心，那才是大錯特錯。

話雖這麼說，但也不能不管。「應該讓女職員了解什麼粧適合自己的工作場合」要指導她們，否則粧化的不當反而嚇到管理主管。

為了避免導致這樣，應該徹底指導新人化粧方法。

委託專家指導比較適當。但是也不能選錯專家。一提到化粧的專家，立即會想到在商店的專櫃上表演化粧法的模特兒小姐。但是，當做職業修身之一的禮節化粧指導員，她們絕對不合適。的確她們能利用豐富的化粧品，將人的個性表現在臉上。不過表現出的個性與職業上外表的裝扮有很多矛盾之處。

職務上的化粧，要適合公司的需要，而且若有制服的話，還得配合制服，做整體的打扮。與個性相比的話，以不給顧客帶來不愉快的感覺比較重要。

像這類的化粧指導，請化粧品公司的美容部長擔任比專櫃上的小姐要恰當的多。因

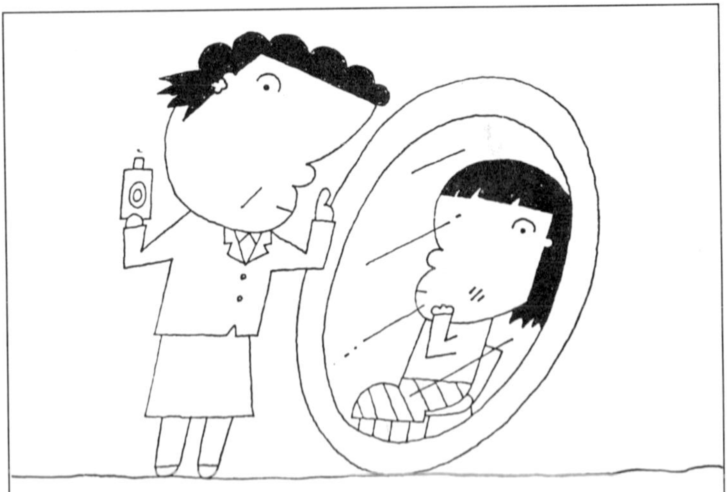

指導化粧法，應委託化粧品美容部長。

為她們可以正確的教我們化粧的基礎，而且有說服年輕女職員的權威。

化粧品公司的美容部長對化粧品的知識絕不遜於模特兒小姐。而且化粧品公司大多穿制服上班，所以配合制服的化粧法也比較內行。

請美容部長指導的好處，不只是在化粧的指導。因為她本身也是一個管理者，所以，她可以以管理者的眼光來批評女職員的化粧方法是否恰當。

以指導女職員如何改進，這對男性管理者而言是非常棘手的事，不過正確選擇指導員也非常重要。

◉即使女職員想法幼稚，也不要一語道破地指出來

如果你部屬的男職員說「我考慮做到結婚為止」，你一定會嚇一跳，而目瞪口呆地望著他。對男性而言，踏出社會之後，沒有選擇工作的餘地。

同樣地，要是女職員說，就不會吃驚了。事實上，對ＯＬ進行各種調查，回答最多的就是「只做到結婚為止」。

對工作的看法，男女的差別就會反映在工作上。其中一種就是女性的想法太天真。以對上司的感覺來判斷工作的好壞，或經常依賴別人、或犯錯就推卸責任……等女職員的撒嬌行為，要列舉出來還不計其數。

不過，對這些天真的想法，管理者若只是說「太嬌縱、太天真了！」也不能解決任何問題。因為基本觀念中對勞動有著不同的看法。所以要教導女職員「工作的嚴格性」時，與其直接批評她太嬌寵，不如教她面對工作負起責任。

◉女職員修身問題容易受最初上司的影響

每年一到結婚旺季，雇有很多女職員的管理者在假日時都會特別忙碌。因為會有接連不斷請帖。若是銀行的話，雇有五、六十人的女職員，擔任這麼大一家銀行或支店的店長可不得了。

對女職員而言，第一任的上司在她們心中往往會有比較強烈的存在力。所以多數女職員在自己結婚典禮上都會邀請她最初的上司來參加。雖然知道這不太適當，但她們還是會拋下現任的上司而請以前的上司來發表談話。大概最初的上司給她們的印象比較強烈吧！

對男職員而言也一樣，由於受到上一任上司的影響，進入公司之後感覺就會有不同。不過女職員對這種傾向會特別明顯。由於剛從學校畢業，正是一個什麼都不懂的「單純小女生」，要教導她從禮節到工作進展的方法，以便成為「職業女性」。

換言之，能改變女職員的意識方法的人就是她的第一任上司，他是否能啟發她的衝勁，對她的將來大有影響，所以女職員本身修養問題應該先從上司的人選開始著手。

◉女職員的修養不是「臨場主義」而是沿用固定的基準

有句話「沒有基礎就不能應用」，對女職員的修養真是一針見血地道破。一碰到做錯事，如果只是當場要她注意就好了，像這種臨場主義用來教導女職員的話，只會帶來弊害。

這種臨場主義，即使犯同樣的錯，在上司忙碌時就能得到寬大的原諒，遇到上司有空時也只是會嘮叨地罵兩句而已。依上司的時間有無，而對女職員有不同的態度，如此女職員怎麼受得了。而且這是引發不公平待遇的根源。

特別是女職員，對於不公平的待遇都很敏感。因此有時就會說上司偏袒、不公。所以必須與學校教育相同，在工作崗位上嚴禁有偏袒的行為。

一旦傳出上司對某位女職員特別照顧的謠言時，這位上司對員工的說服力就會減低不少。所以對任何女職員的管理都不能有例外。就如同運動規則一樣，裁判時不能不公。所以訓練一位女職員，應該有一套配合企業自己本身的社風基準。

◉教育的成功與否，要入公司三個月後才看得出

因為不習慣所以怎麼講也是沒有用的，不久她自己就會注意了——管理者這麼想的話，常會錯過教導的好時機。誰都曉得愈早教育愈能得到效果。儘管如此，看到拼命做事又會緊張得不知所措的新人，經常就會錯失了教育的機會。因為看她們這樣，若再多要求她們就覺得她們很可憐。

但是這是錯誤的看法。等到對工作有了大致的了解，有了某種程度的自信之後再提醒她注意，倒不如先傷害本人的自尊來得好。在新人之中，本人應該有「被人警告是理所當然」的概念，而且接受在不傷害的原則下爽快地指出缺點的想法，如此一來，女職員踏入公司數個月之後，修身禮節就有很大差別。

說話的措辭，外表儀容、事務的處理——不管什麼事，應該有被別人直言不諱地指出的心理準備。曾提過，女性都受到嬌縱的照顧。對這種嚴格的教育可能是第一次嘗試。因此，接受別人教導時，應該視為自己所必須接受的挑戰。

◉年輕女性「修養學習之地」不是學校家庭，而是工作場所

某觀光公司召集剛入公司的女職員，在向董事長行禮時，能正確地行禮的女職員，十人之中只有一人做到，大多數在行禮時，手都沒有伸直。手指張開，只是頭低下去敬個禮。

為什麽，不能做好正確的敬禮呢?很簡單。因為在家庭或學校並沒有敎她們正確的敬禮法，所以當然不會做。談到女職員的修身問題，管理者應先考慮到的就是現實。很多管理者嘆息地說「最近的年輕女性很難管敎」，有了這種現象，更有必要在工作場所上實施嚴格的教育。家庭教育要靠學校教育來磨練，而學校則將修身之事委託於家庭，若家庭與學校無法互相配合的話，那麽教育修身的責任，只好落在企業的身上了。

以前我總認為「好家庭」的女兒應是舉止優雅的女性。「好學校」畢業的人也必定熟知禮節。但事實完全不是這麽回事。現在的父母都希望自己的女兒能在好的公司上班，因為他們認為好的公司一定會帶給女兒良好的修養教育。

「教育年輕女性的地方不是學校、家庭，而是工作場所」——要是誤解這個現實情況，很容易對女職員發牢騷、攻擊或嘮叨等。結果，影響工作場所的活性化。

為了有效地展開女職員教育，男性主管有必要對自己的意識加以革新。

◉學習三種方法可以有效地實施女職員教育

提到公司職員教育，管理者都會想盡辦法又說明又說教，以便讓員工理解。但是，職員上的教育不需要那麼鄭重其事。只要知道三種方法就足夠了。

第一，由型來訓練。熟記動作的固定型式，然後養成習慣，就可以促使精神方面的向上。大阪的某百貨公司為了訓練接見客人的禮節還利用行禮機器。這可算是典型的例子。

第二，推動精神生活。由於反覆地念社訓或社員守則，自己也能對生活態度做一番回顧與反省。反覆朗讀條例在仔細品味之中，自然地就變成自己的東西。

第三，利用團體來提昇個人的方法。讓女性職員組成小集團，彼此互相討論目標與行為，並且製訂一些規則。自己所製訂的規則，當然不會輕易忽視。

配合情況應用這三種方法的話，修身教育必能收到意想不到的效果。

◉女職員的教育不是一次就全部教給她，而是一步一步地傳授

對新進女職員的進行修養教育，常常這個也想教，那個也想教，希望將所有想得到的事一下子就全部教她。但是，什麼都要塞給她，往往到最後一個也沒學到。

修身養性必須經過忍耐與毅力的階段，才能理解所教授的理論而成為獨當一面的女職員，為了達到這個目標，必須一步一步地邁向這種長遠的路。

最初的第一步就是要有開朗的笑容，在任何人面前都有一副自然微笑的臉孔。上級主管很重視這點。其次是很活潑爽快地打招呼與回答。第三階段是用基本的敬語……。如此將女職員的基礎一步一步地固定，很快就能接近目標。

上司常會想一步就達到最高的目的地。但是修養的階梯並不像直達的電梯。如果上司太心急，女職員可能遺漏了某階段，而不能腳踏實地好好按步驟往上爬。如此一來，女職員常會消受不了，或是失敗跌下來，那就前功盡棄了。

◉讓女性職員認識什麼樣的男職員不能作為學習的榜樣

模範型的前輩常被拿來當教育職員的榜樣，相反地，對於不能學習人從來都不曾提起。不過，指出不良的規範，可以防止染上前輩的惡習，這是一種以毒攻毒的方法。

不能忽視它所帶來的影響力。在工作上女職員要是染上不良的惡習，通常是受前輩男職員的影響。在工作場所應教她們如何辨別男職員行為的好壞。松下電器的女職員教育中很注重這點。

松下電器的女職員教育法得到很好的評價，在『女性職員經營教育資料集』中，有一項目規定「不要向這種前輩看齊」。而且具體地指出不好的男性前輩。譬如下列情況：①會怪罪他人的男人＝認為主管不爽快，所以自己無法獲得卓越成果的人，②愛請示的男人＝什麼事都要請示上司該如何做的人……等舉出了七種令人討厭的男人。

教女職員認識不能學習的男職員，除了可以自我警惕之外，男性會因女性的注意而更謹慎，真是一舉二得。

◉禁止「不久就會明白」這種優柔寡斷的想法

要想順利有效的實施禮節教養，最基本的因素在於現場主義。女職員要是沒遵照上司的指示而犯錯時，「以後再提醒她」或「她自己會發現錯誤，不久會改掉」這種拖延的戰術是絕對禁止。犯錯的女職員已忘了當時的狀況才來提醒她注意，實在得不到什麼效果，更不能期待要對方理解。上司這種優柔寡斷的態度，對於責任的所在含糊不清，所以教育職員完全沒有任何幫助。

一旦發現該注意的地方，就應該大聲地當場指正。由現場當時的情況中可以明確地追究失敗的原因，沒有強辯的餘地。而且這麼做能讓本人反省如何做才能成功，而有挽回名譽的機會，這是比什麼都有用的學習經驗。

不允許疏忽的過失，萬一經驗不足失敗的話會指導例子給她看，秉持這種判斷準則的管理主管，在女職員不小心犯錯時，能當場適切地指正她，並採取適宜的處置。而標準不一的管理者，往往事到臨頭想不出適切的話來指導職員，只會演變成優柔寡斷的態度。

改變裝扮，與其指責不如給她鼓勵。

◉不善於裝扮自己的女職員，在她打扮整齊的那一天給她鼓勵

散亂的頭髮，濃艷的化粧，指甲塗得大紅色的打扮來上班的話，管理者大概都會發出注意的警告。

散亂的打扮很顯眼，容易引人注意。

對於這種職員，當她們打扮整齊來上班時，大概也不會注意，更不會誇獎她一下。

或許認為這是理所當然何必說出來，但是對於容易忽略裝扮的女性而言，這時給她誇獎一下總是比較好的。因為誇獎比指責更能改變一個人的裝扮。

◉公布單身男職員「理想的對象」的條件

「像你這樣絕不會成為好媳婦」男性管理者常開玩笑地這麼對年輕的單身女職員這麼說。雖然不敢公開地承認，但很多女性都是為尋找對象而到公司上班的。在三井銀行就常常有同事彼此結婚的情況。

同事結婚的佳偶，離婚率比較低，原因是他們在工作崗位上相遇，彼此觀察對方的機會比較多。對單身女職員而言，常受到單身男職員的觀察，或許利用這個意識使女職員的儀態得到提升的效果。

常說「用目光來改正禮儀」。修正禮儀的缺點，以他人的眼光來矯正最為有效。單身女職員最在意單身男職員的視線。當她們了解優雅的舉止可以獲得單身男性的好感時，就會相競努力改變自己的儀態。

利用壁報式張貼公開單身男職員「理想的伴侶」的典範。這或許比上司的指正更為有效。

◉ 教育女職員光是理解是不夠的

其實女職員教育基本的舉止與禮節，在各方面見習、說教、實施等教導之下，以自然地學習最為理想。若上司以為說明使女職員點頭了解就達到教育的目的，那可就大錯特錯。

例如，熟記敬語的使用基礎，一旦面對客人時能分得清敬語與謙遜語的使用法嗎？把電話對應手冊全部背下來，對於接連不斷而來的電話能應付得很得體嗎？

舉止禮儀與其當作知識來背，不如習以為常隨時應用。

因此，上司應反覆地實施實踐指導。實踐指導的訣竅是徹底實施「個別指導」、「機會指導」、「反覆指導」。

所謂個別指導是自古教育的初步原則，個別盡心盡力地指導她們。機會指導是製造機會讓她實踐所學。最後，反覆指導是指一度的成功並不能放心，要再三地反覆訓練，這是最重要、而且最有效的實踐指導法。

◉事先了解女職員厭惡的行為，對教育很有幫助

對女職員施以嚴格的禮儀修養，但上司自己卻在女職員面前犯錯，實在沒面子。當然，站在身為修身基本典範立場的管理人員，不應有這種行為發生。對於意料不到的行為可能對女性而言是「違反禮節」。

譬如還沒熄火的煙放在煙灰缸上，而且還冒著煙，這種行為對附近座位的女職員而言，是難以忍受的「違反禮節」的行為。因為有不少女性抱怨「頭髮被煙臭燻得每晚不得不洗頭」。

到了公司，換下鞋子穿上拖鞋，或是在桌底下脫下鞋子，這種行為也令人討厭。因為「要適合商場的服裝」這點就說不過去了。

亂摔電話筒、邊做事邊打哈欠、敲詐窮人、邊用手帕擦手邊走出化粧室、和女職員交談時靠得太近……這些都是女職員討厭的行為，但她們又不敢說「難看」「真失禮」，所以管理者自己應熟讀禮節的書籍，事先了解女職員厭惡的行為。

第二章

巧妙指責的訣竅

◉斥責女職員也要技術

做事很有才幹，但卻得不到部屬信賴的幹部時時可見。特別是女職員的評語最差，問其原因，原來他們「暴躁」「性急」「善變」。總歸一句話，這樣的管理者在罵人方面比較笨拙。

在指責女職員時，光是氣得臉紅脖子粗、破口大罵是沒用的，因為這種責備法，部屬一看到上司的臉就嚇得心驚膽跳了。但若對女職員手下留情，則對方容易感情用事，反而造成反效果。所以要責備別人時應加入一些技巧。

譬如說「請到隔壁房間來一下」，而不說「喂！聽到沒，在叫你」，對被罵者的立場而言，私下勸解比在人前被罵更能自我反省。「你，我有話對你說，下班後等一下」，若被這麼說的話，會感覺到一股無形的壓力。不需要嚴厲的話語來指責，被罵的一方自己能思考自己的過錯——這種才是高明的指責法。

如果不學習這類高明責備技巧，就不可能對女職員要求修身養性。

◉犯錯時，不只責備結果，連過程錯誤也得指正

在你工作單位上不曾聽過這種應酬之類的談話吧！「組長，非常抱歉」「沒關係。以後注意一下」乍看之下這是很懂事的部屬與上司的對話，但是這種作法絕不是防止再犯過失的好計策。

對過錯的指責方法可以看出管理者的能力。

責備過失的訣竅是，不只要責備結果，連過程之間的過失也得指責。任何一種工作一旦有錯，一定是在過程中有誤。許多管理者只注重結果，而且只責備結果的過錯。但是，最重要的並不是結果，而是過程。

要確實找出過程中錯誤所在，然後探討原因。這是部屬犯錯後，身為管理者的工作。若不剖析各過程一味地反省過失，一旦時間、地點改變了，同樣的錯誤還是會再次發生。

追朔每個過程才能對過失產生「危險預知感」。必須訓練部下培養危險預知的感覺，才能達到指責的效果。

◉斥責女職員與其饒舌說教不如明確的一句話來得有效

所謂斥責即現在說教一般，說教是源自奈良時代的節談說教。節談說教是指和尚將地獄與極樂世界分成章節加以說明，有時還徹夜指導。所以說教與誦經是愈長愈好。

但是公司裡的說教卻不能如此，應考慮經濟效率。管理者說教一小時的鐘點費相當於被指責之女職員的好幾倍呢！考慮經濟效果來斥責這點與老師在學校教育的情況大不相同。

從效果上看來，一針見血的話比饒舌效果來得大。

在責備時，用大量的語句，對指責的人而言，往往無法抓住犯錯的真正原因，最後只是對著女職員嘮嘮叨叨地說教一番罷了。

與其這樣，還不如正確地指出問題所在。責備時間長短可以表現出他對於過失有無分析的能力。

◉儘量理論化地指責女職員

閱讀有關女性心理學方面的書，曾記載女性以情緒傾向來勸導效果比較弱，這的確說中了女性的心理。工作場所的情況和女性私下交往的情況有所不同，因此必須分辨清楚。

因為工作上的情況並非情緒上的問題，所以必須以理論來指導，特別是在責備的時候。很多年輕女職員沒有被有如父親一樣年紀的男性責備的經驗，要指責這樣的女職員時，常常會情緒高漲而失去冷靜。一碰到這種狀況，上司的情緒也會受影響，到時就搞不清責備的重要內容。

在責備別人時，應該要有條有理，使對方能理解為何被責備的原因。男上司中很多人認為「責備女職員時，用威脅、欺騙、哄騙最有效」。但是，這種責備法容易使女職員對工作上的過失造成強烈的恐懼感，而變得神經緊張或過分謹慎不敢放手去做。

◉用簡易明瞭的語句指責女職員

上司要勸導男部屬時，常會使用「我們開門見山地說吧！」這類的話。彼此坦率，毫無顧忌、毫無隱瞞地交換意見。

「我們打開天窗說亮話」「真人面前不說假話，我直說了」等男性比較坦率一點的用法比較多。但對女性的話，這種措辭比較不文雅。

在責備女性時，應該使用女性容易接受而且比較不敏感的語句。

在三井銀行，為了提升行員的知識教育，每個月會請各界知名的人士演講。知名的女性隨筆作家、教育家中有位很有人緣而且使女職員的出席率高的講師，那就是上智大學教授渡部昇一。渡部教授在演講的入口處常常擠滿許多女職員，連會場都進不去，因此另外在一間特別的房間內作電視轉播。

渡部教授是『智的生活』叢書的作者。

女職員對於「智慧」特別感興趣。渡部教授的話對提升道德很有幫助。

同樣道德提升的訓詞，因為使用「智慧」的語句可以強型呼籲女性特有的感性，並

在勸導時，儘量使用對方容易接受的語句。

且有強烈的訴求效果。根據女性用品製造商的調查，現在女性靈敏度比較高的語句以「智慧」居第一。

因此在勸導女職員時，避免使用對方不喜歡的語句，在意識上使用女性靈敏性高的語句，才能增加勸說的效用。

◉讓對方嚇跑的指責法無法讓對方接受

面對容易哭、容易生氣的女職員時，害自己在責備她之後惹上不必要的痲煩，所以很多管理者對一般論或抽象論的焦點表示不明確的態度來指導。

這種指責法幾乎談不上什麼效果。「以客觀的見解來責備她們可以避免情感上的痲煩」，換句話說，管理者自我滿足地認為「只要記住這點就夠了」。態度不明，語言欠缺說服力，最後只是成了毫無意義的行為而已。

態度表明不清，以第三人稱來指責，這對女職員而言，在讓她們自己注意的意識上是發生不了什麼作用。

不過，這樣比起一連串的責罵要合理得多。

「……像這種過失最令我頭痛」要是這種情形下，將自己的意見說給他聽，效果很好。女職員對自己真實的感受比發牢騷更能重視，所以對主管嘔心瀝血的主觀意見更能聆聽。

◉ 不斷改變的責言，女職員無法接受

早上說的與晚上講的不同，所謂「朝令夕改」的上司，容易對部屬造成不安。男職員對縱的關係特別敏感，「課長的態度變了，大概是部長說了什麼吧！我了解課長的感受」他們相當理解這種情形，但女職員就不會了。

女職員沒有公司組織階級直屬的社會構圖的關係，所以只忠於自己的上司。因為女性一般上只想安定一貫性的作業，不喜歡有太多變化。

在公司裡，對女職員想要在言語上有說服力的話，就是不要輕易改變自己的意見。如果上級不斷改變自己的意見，那女職員對自己評價的基準也會發生動搖。上司對部屬指責或褒揚的舉動，應該有明確的評價基準，才能有說服對方的能力。要是評價基準含糊不清，上司所說的話就喪失了說服力。

因此，在女職員面前表示意見時應慎選語句，一旦說出口了就要負責到底。因應時代的變化，見機行事是管理者不可欠缺的資質，但取消對女職員曾說過的話卻是忌諱的事。

◉ 責備時注視對方的眼睛，比任何語言更有用

大概知道人類點頭的方法有二種。在理論上很欽佩時會由下至上的方式表示首肯。在感情、情緒上的情況則是由上至下點頭。

同樣是點頭，但意思卻不相同，應該用哪種方式點頭呢？仔細觀察再責備對方，這是高明責備法的訣竅。不過，最近管理人員對指責別人並不在行。仔細觀察他們指責別人的情形，都有共同的態度。

在責備別人時，都不注視對方的眼睛。「事實上，你……」他邊說眼睛就看到別的地方。這時，即使對方在點頭，你也沒發現他是用哪種方式點頭。或許你認為這樣做，本人會不好意思，但被責備的人卻不這麼認為。或許有女職員誤解到底是真話還是玩笑，甚至誤會被蔑視。

在指責女職員時，最重要的是要注視對方的眼睛。「用目光來感覺」，特別是女性比男性更敏感。即使討厭看到對方的臉，在責備時看著對方，這是責備者的禮貌。「連主任，在責備時也不會看著我的眼睛」要是有這種情形，那就失去了當管理者的資格了。

◉指責後第二天，與其再次的指正，不如給予鼓勵

常有認真的管理者，在指責部屬後第二天遇到他時，一定會再次叮嚀。「今日的事不要緊吧！」「昨天說的都了解吧！」

但是，女職員的情形，在第二天與其提醒的言語不如對她們說一些鼓勵的話。被上司嚴厲指責後，雖然第二天表面上很不在乎，事實上所受的打擊還存在。被指責的人比管理者更記得被責備的內容。這時，要是再提醒她時，更容易造成女職員心裡認為「他不信任我」的感覺。

在責備後第二天，必須若無其事地對她說一些鼓勵的話。第二天，「很努力嘛」上司只說這麼一句，對女職員而言感覺都不同。同樣的善後處理，再度的提醒只會讓情緒低落，鼓勵的話會激勵她。

女職員討厭的類型中有一型「執拗的上司」，為了不被人厭惡，管理者在責備員工的第二天，能給他們一些鼓勵的話。

◉光說不練的見解對勸導女職員起不了作用

在電視或電台上長久擔任解決人生問題的精神科醫生，在治療時從不輕易的說「你的感覺我了解」。因為認真地找他商量解決問題的人會認為，既然你了解感受，為可不照我自己的話去做呢？

但這句話常在公司裡聽見。男性上司常對女職員說「○○小姐，我了解你的心情……」。這麼說，真的表示本人了解她的感受嗎？值得懷疑。

根據某就職情報雜誌的調查，女職員幻滅的上司之類型中可舉出「光說不做」的上司。一連串對女職員說一大堆的話，實際上都不付諸行動。這種光會用嘴來指揮人的上司，真正面臨用訓詞來說服時，很難勸導部屬。

常有「他和組織合不來，請更換一下」或「今天的帳合不來，明天再算可以嗎？」等人事與業務發生衝突的情形。這時出面調解的人，不是光用嘴巴訓人的課長，而是能真心替人解決的課長。

與其他部屬比較是忌諱的行為。

◉責備女職員時不要拿她與其他部屬比較

「你這是什麼回答。看看A小姐。一直是好好地回話，聽起來心情都好得多！」

這種指責法，容易造成女職員之間關係破裂。

女職員與男性不同，很少將敵對的意識表露出來。

雖然想比別人更優秀，但她們更重視彼此的情感，不希望在日常的交友關係上起了風浪。對希望「大家都平等」的女職員而言，不要常將朋友同事間友誼的好壞表現出來的語句掛在嘴邊。

◉不是用命令而是利用提案來改正錯誤

「最近待客的態度怎麼不盡理想。非得想個辦法……」這時上司不停地命令「喂！你們，微笑！微笑！」雖然當場馬上改了，以長久的眼光來看，是沒多大效果。過了一星期又恢復原狀了。

要改變做事的方法，只是命令是不夠的。命令只會造成責備後果，對於造成惡果的小過程都不加以檢討。為了要喚起對小細節的重視意識，在提醒對方之餘，相反地應讓女職員自己去發掘該怎麼辦。

不過所謂的提案不是指個人，而是以團體大夥所討論出來的。個人的構想再加上多數人的意見，更能符合實際情況達到效果。在三井銀行，舉行檢討會討論如何讓新顧客留下好的印象，於是提議「在打烊後根據當日的傳票，對新客戶以電話再次向他們答謝」，在實施後得到不錯的反應。

利用她們提出建議的方法，可以喚起女職員對問題重視的意識。

◉嚴厲責備就能徹底管理，是管理者的錯覺

中年男性管理者就有人在大庭廣衆下破口大罵部屬。「你，這樣子好嗎？」「你多次犯同樣的錯都不在乎」……這種責備的話連續不斷地脫口而出。

從旁觀察，的確是嚴格的管理部屬，上級管理者或許認為「哦！管理得很好」。但是這種責備法，確實有眼見的這種效果嗎？值得懷疑。對女職員來說，要是與她們的情緒背道而馳，反而造成反效果。

在法庭上，律師滔滔不絕地表示意見，他的辯論對於在後座旁聽上的委託人，可真是聽得頭頭是道，但是最主要的關鍵在於法官只聽一些欠缺法律上說服力的華麗語言。結果，與委託人的想法相反，法官判定敗訴。認為破口大罵就是管理的上司，是否也是同樣的情形呢？

總之，對女職員與其對她們大聲的指責，不如輕聲地指導來得印象更深。

◉責備女職員時，不要再提及過去的過失

「K小姐，請過來一下。妳這張傳票的處理方式是否錯了，小心點。為何發生這種錯誤呢?你自己好好想想其中的過程。」

上司責備了處理傳票的女職員，到目前的情形看來還合理。但是，之後最好不再這麽責備「說到這裡，你一星期前也同樣犯這種錯，妳也真是……，當時的錯誤是……」。再提及過去的錯誤會使責備的效果減半。

對於經常犯錯的女職員，在責備時常會把過去的過失一一再度數落。就像現在犯的錯與過去的錯再合計起來一起算帳。這種又突然想起以前之種種指責法不好，是因為對現在的過失沒有明顯地指正。而且在回想過去種種錯誤時，恐怕會否定了這位女職員的人格。

忘了指責什麽，為何指責的原則時，管理者很容易有這種又想起以前的過失，連現在的過錯一起責備的行為。因此在責備過失時，只注意當時現場所發生的過失才是最重要的。

◉在女職員面前批評別的女職員時，應注意不要觸及人性

指責一位女職員時，有時會舉出另外一位女職員來比較。「你經常犯這種錯，老實說前些日子，A小姐也犯同樣的錯。不過A小姐的確很有才能，××點她都注意到」，上司在引出其他女職員為例子時，聽者卻是敏感的話題。

不只是有興趣想知道上司對A小姐的看法，而且也能了解上司對別人的看法。很多情形，因為引用其他女職員當例子，可以讓部屬了解上司是否觀察到這點，可以讓部屬認識上司敏銳的觀察能力。

不過，有時候，會得到反效果。那就是上司涉及到被引為例子的部屬之人格批評。在女職員跟前應避免人格的批評。

「他連這點都觀察到了」對這種敏銳的觀察力都心存戒心。最後變成「或許在別人面前也這樣說我」的想法。

對部屬批評人格時，管理者只是成了「背地說壞話」的人。

◉以偏概全的指責是最忌諱的行為

「你就是個性太保守了，所以一直不行」大概不會這樣指責女職員吧！同樣也常使用這類的話「沒有衝勁，大概是認為反正是臨時的工作而已」或「錯誤這麼多，太學生樣了」。

就像在張貼標語一樣，毫無考慮地亂貼。仔細想想，女職員這次的過錯與她保守、沒責任心，學生樣太濃都沒有任何關係。而且女職員也不會接受這種莫須有的罪名。如果自己承認的話，不但無法解決問題，只會弄得更糟而已。

現在女職員教育的最大課題「自我啟發」正蘊育著，因此忌諱這種莫須有的行為。這種莫須有罪名的作為對重視個性發展自己才能的女職員而言，只會斷送她們的前途。

人各有不同的性格與人格。常說的一些老套的牢騷不能概括所有人格。因此，上司對於流行的常用訓詞，不可以用在每個人身上。

◉「就因為是女人……」這種責備法成不了效用

以「女孩子應該把桌子整理乾淨點」「女人家，更有禮貌一點不是很好嗎？」等指責別人的管理者不少。

這種表現，對責備女職員而言沒什麼效果。「女人家」這種話好像說女性都應有潔癖一樣。建議在工作上指責女性時不要有「女性意識」存在。

「就因為是女人……」，這種指責法要是相反地用在褒獎女職員時，容易成為洋洋得意的擋箭牌。如「因為我是女人，所以太難的工作我不會」「女人嘛！責任太重的工作不太能勝任」等情形。

有時不須強調女性也能提醒別人注意。如果換成說「你桌上太亂的話，顯得全工作崗位都很凌亂，請注意一下」效果會好一些。

指責女職員時，管理者應了解不是刺激女性的意識，而是要刺激工作的意識。

◉ 指責禮儀不周時，應以半開玩笑的態度來指正

「倒茶……」很多女職員不服氣，但從上司的觀點來看，對於倒茶這方面要打分數的話，及格的女職員很少。要完全合乎禮儀或社會常識的女職員，簡直找不到一個人。

在平常看到不順眼的地方就要當面指責，並且在措辭方面要注意。禮儀或社會常識與本人教育環境有密切的關係。應避免「你父母怎麼教你的」這種責備法。

上司對於部屬的禮儀在指正時，可能會得罪到其他方面的事。與其正面直言地糾正，不如半開玩笑式地指正比較好。

例如，在接客的態度惡劣時，「這麼沒禮貌，客戶只好『認了』」其中夾雜這種俏皮的語言來糾正的方法也可以。端茶時，茶都溢出茶杯灑在托盤上，「你們真是『喜歡標新立異』，喜歡這種奇異的倒茶法」，然後開始教她們倒茶的理論。

在指責禮儀或社會常識不當時，不要用「直球式」的直言，用點「曲線球」的責備法比較恰當。

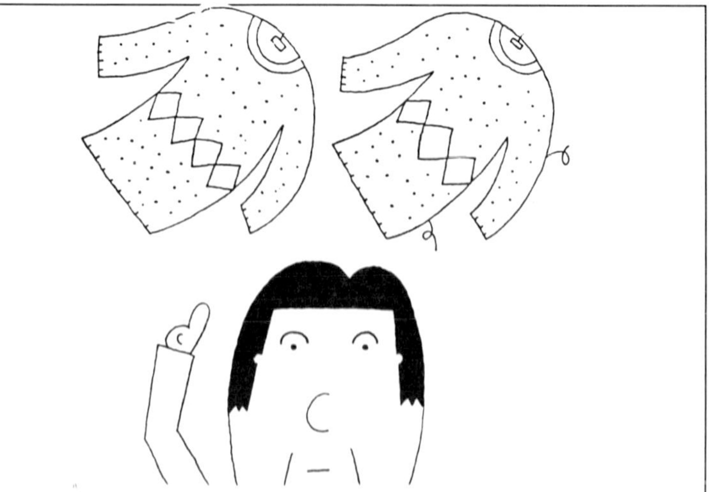
「是得？是失？」的理論勸說比較有效。

◉不懂折算的女性以「是得是失」的理論比較讓她了解

ＯＡ化激烈變化的職場上，在約談工作分配意見時，「我認為應該這樣」這種表示自己的意見的女職員，幾乎不曾有過。

仔細盤問之下，表示意見的根據必須從整體考慮，也就是形式論上來思考。

拘泥這種型態的女性，以「是得？是失？」的理論來勸導她。即公司以利益為目的的活動時，在形式上更注重效率的理論，比較讓女職員理解。

◉向上心強的女職員在反省之後避免再嚴厲地斥責

做完一件工作時，自己要是沒有滿足感時，一定會更留意更小心，這種向上心強的女職員很多。這種女職員，在犯錯時，即使管理者沒有一一指責，也能發現自己的過失，而且情緒非常低潮。

這時要是管理者嚴厲責備，那會變得怎樣呢？因為自己查覺錯誤，表面上很冷靜地聽訓辭。其實內心還生氣著罵這位無神經的管理者「這種事早就曉得！」然後演變成上司不了解自己的心思，就對上司產生反抗的心理。

這種向上心強的女職員，在本人反省之後最好不要嚴厲斥責，「連你都會犯錯呀！」以紓解她陷入低潮情緒的語句來指導她。

向上心強的女職員對公司而言是塊寶。將所有女性視為一體，以同一模式來責備女職員的話，這件法寶可能不知不覺間「失去作用」。

◉喜歡爭理的女職員應該利用機會來教育

常有女職員雖經上司的指正，但自己不承認是自己的錯，反而以自我本位的理論來反抗上司。這種理論多半是女職員情緒太激動，最後變成謬論而已。要是面臨這種理論，管理者通常都會指責這項理論的缺點，但是這時候，如果能聽完她的理論才是明智之舉。「可是，剛剛你不是說……」要是不小心插進這句話，相反地對方會更頑固，而且漸漸失去冷靜。

女職員一旦冷靜下來，她會對當日所發生的事再思考一次，反省自己的態度，這種傾向比男職員強。

因此，在情緒穩定之後再與她談一談，她會坦率地承認自己的過失。然後讓她本人發表自己的想法。如犯錯的原因，對公司會造成什麼影響，今後該採取什麼對策等。

如此一來，就不會感覺到光是受到上司的責備，自己也能自動地鼓勵自己向上。

◉被斥責就蹶著嘴的女職員，應教導她被罵時的禮節

大部分男性管理者都歷經高度經濟成長期下員工競爭時代，有時對部屬會咆哮如雷地痛罵。但是，在最近教育的風潮下，年輕女職員不曾在大衆面前受人責備。這種沒被人罵過的女職員中，在工作地點上犯錯被罵時，她的應對態度往往違反應有的禮貌。

最明顯的例子是被責備時就蹶著嘴一句話也不說的態度。要是碰到這種態度的時候，上司會馬上嚴厲斥責。強調不管什麼理由，絕不允許在公司裡蹶著嘴一句話也不說的撒嬌行為。要是有一次經驗不指正這種態度的話，工作場所的秩序會建立在這種撒嬌的行為上。

責備固然重要，要讓對方了解在責備時的態度更是重要。

對於會反抗的女職員應先講明前提。

◉對反抗性強的女職員應先說前提給她聽

上司每次指示的時候，總有女職員會唱反調或提出一些道理來反抗。

這時候，一句「不要強詞奪理」就要壓制對方，她反而會愈反抗。上司不喜歡部屬說一大堆理論來反抗他。

這時以這樣的開場白來試試。「我了解你對事情觀察入微」、「或許與你原來的工作有點脫節，想拜託你一件事。現在課內的狀況如你所知……」先將前提指出，可以事先否定女職員的歪理，而且可以建立共同的意識。

◉認為斯巴達式教育有效，只不過是「多年媳婦熬成婆」的心理

「這是什麼！拼錯了吧！你是英文系出身的嗎？」

這邊是對英艾打字打錯高聲斥責的男性上司。前面則是咬著唇低著頭剛畢業的女職員。這時上司的心理狀態大概是「要先來個下馬威」吧！

對於大學畢業或有經驗的女職員，男性上司會以高壓的態度對待她們。期待她們有與男性相同的戰鬪能力，又怕自己被瞧不起，這種複雜的心理便造成過度的反應。結果，就造成斯巴達式教育，即要讓她感受到被下馬威的屈辱感。

傲慢的女職員在工作上也有很高尚的自尊心。挫挫對方的傲氣會傷到對方的品格，相對的在工作上也會喪失自尊。

歷經高度成長期的職員很多人喜歡這種斯巴達式教育，因為自己也曾接受這種形式的教導，因此也要女職員接受，管理者應自戒這種行為。

◉有時候應向老資格的女職員請教

老資格的女職員對上司的命令或警告採取反抗的態度時，心裡會有一種被上司或後輩輕視的疏離感或孤獨感。結果，「反正我這種人」這種意識造成她無法接受周圍的勸言。

這時，對於老資格的女職員，與其指責或褒獎，不如改變一下立場，由上司主動找她商量，或請教她一些事情比較有效。

「這文件想輸入文字處理機的磁片裡好讓別人都能打，所以請你來幫忙一下好嗎？」「怎麼最近操作終端機都會出錯。我不知道為何會發生這種錯誤，請你教我好嗎？」

要是上司能這麼說，那這位女職員心中會有滿足感，認為「果然沒有我還是不行」「非得我才行」。她反抗的心理也會消失，對上司的態度也會改變。

老資格的女職員在資深的立場被肯定之後，就會顯現出她的幹勁。被重視的實感，對提升工作態度很有益處。

◉女職員不會聽從私下委託糾正行為的前輩女職員

有管理者自己不忍心責備女職員，就私下委託前輩女職員擔任糾察工作。「那位T小姐以為自己會發覺行為的缺點，但她始終沒注意到。請你告訴她，提醒她好嗎？」受了上司的委託，前輩女職員就代替上司向這位後輩提出警告。

這種前輩的提醒不能得到上司預期的效果。平常管理者對於善惡都很明確地判定，連他自己都不提出異議，前輩女職員的注意，後輩當然不接受。而且前輩經常會夾雜個人的恩怨。

上司自己對部屬採取嚴格的態度指導禮儀，要比由前輩指正來得有效力。「她發現了吧！」這種上司期待部屬發現的態度，無法積極地表示禮儀善惡的價值判斷，前輩的指正也就徒勞無功了。這種上司會感嘆「怎麼前輩與晚輩處不好呢？」或「前輩缺乏領導力」，但事實上缺乏領導能力的是管理者本身。

第三章

啟發幹勁的訣竅

◉上司對工作的熱情決定女職員的幹勁

某大企業女管理者曾說過。「年輕時候，我崇拜有魅力的上司，所以我在努力學習他們之下，才有今日成就」，能吸引女職員學習效仿的上司，是怎樣的一位上司呢？

這種情形下的魅力，當然與想成為男朋友的男性魅力是完全不同。是不須語言就能教導女職員努力工作，並能提高對工作之熱情的魅力。這種魅力是上司自己本身能果敢地向高目標挑戰得來的，將目標定在最上限，以各種不確定的要素，努力超越目標的態度，可以啟發女職員的幹勁。

讓我們來看看不能引起女職員幹勁的上司。對ＯＬ進行調查的結果顯示，就是對工作沒有熱情的上司。滿於現狀沒有目標，只是默默地做完規定的工作，每天提不起精神又愛發牢騷，這種上司當然無法讓女職員提起幹勁。

上司對工作的態度可以左右女職員的幹勁。

◉利用不記名的方式提出改善的意見可以增長女職員的衝勁

「我們在公司說什麼都沒用」，在中午休息時，女職員彼此會談到這種話。最近年輕女性很了解女性比較吃虧，是否就是這樣才會使她們在公司裡所表示的意見都沒用處。

若是將她們的意見反映在公司經營上，她們被忽視的感覺就會解除。因此，上司必須要接受「說什麼都行」的態度。最有效的方法是將不滿或有提案，有任何小地方需改進的，以文書方式提出。只是，為了能安心地說出意見，最好採不記名的原則。而且讀完意見後要做個回答。

例如抱怨「燈光太暗」，應立即調查，若與事實相符應立刻換裝。自己的提案被接納時，會有一種真實感；假如不能接受女職員的提案，但有助於改善的話，不妨告訴她「你的提案有參考價值」，這也能提起她們的衝勁。

◉上司與女職員建立共同的目標，彼此可以產生連帶感

上司與男性部屬之間有共同的目的存在。「使這項計畫成功」、「擴大與A公司的交易」等目的，不需要掛在嘴邊，彼此都默認，這就是有強烈的連帶感維繫著兩者的心思。

女職員又是怎樣的情況呢？

她們雖然可以和男性一樣打成一片，為某一計畫而努力，但無法將它視為共同的意識。因此經常對第一線保持疏離感，每天過著無聊的日子。

上司與女職員之間，應該建立一個共通的目的。

在三井銀行，在女子領導的研修中舉行「我的宣言」的方法。將「提升職場的禮儀」定為全體的目標，對措辭、外表儀容、與人打招呼、執務中的態度以及電話應對等五項訂二十六個核對標準。例如，在措辭方面訂的標準如：

⑴對於訪客、外來的人、上司是否用適當的言語表示？

⑵是否努力地使用敬語？

有共同的目的，就能產生連帶感。

(3)……等等。

利用這些項目，女職員可以對自己在職場的禮儀打分數，同時可將自己的對手當作自己努力的目標。儘可能將內容與期間訂得具體化，這就是「我的宣言」。

為了要達到自己的宣言，女職員會閱讀手冊，向前輩討教，甚至參加講座等。

另一方面上司也會意識並確認：「她的宣言是『可以以正確的姿態來做事』」。

女職員從學習基本的儀態開始與上司建立共同意識，往後在實務施行方面也能感到意識相同。

◉ 讓女職員參與開會，可激發幹勁

經常有這種情形，課內的男職員在房內開會，留女職員聽電話，這種情況只會讓女性認為「反正，難的工作與我無關」。很多女職員就因開會的時候對職場產生疏離感。

選出課內幾名參加會議就另當別論了，至少在全課的會議應讓女職員參加。特別是上階層的會議，女性通常是被拒在外，若這種高階層會議真的無法讓女性參加的話，至少基層會議要讓女性參加。

與男職員一樣有參與會議的意識，可以自主地思考自己應該採取什麼行動，而且也可以了解現在課裡的狀況如何。

如此一來，可以了解男職員如何面對困難的工作，而且只是打雜般被使喚的女職員的不滿也會一掃而空。

參加會議不只能提高女性的幹勁。也能引發男生所不能的女性獨特新鮮的構思。

◉交與單調的工作時，可說明這工作是達成大目標的一個小手段

根據京都銀行的調查，百分之二四・四的ＯＬ，抱怨「工作沒有變化」。

但是，被稱為情報革命的今日，不就是要有創意的時代嗎？不做機械能做的工作嗎？應該檢討的課題很多，問題在於公司能不能保障一個環境供女職員自由地發表意見或提出提案。不能保障這種自主的活動，當然容易招致許多的不滿。

雖然是單調的工作，若在全體工作中有明確重要的立場與不是這種情況之下，二者對工作的態度有明顯的差別。

對每天只做些單調小工作的女職員，管理者的工作即是向她們說明將來性。也就是在委派女職員做單調的工作時，應強調在整個大目標中所占的重要性。

◉讓她了解一杯茶的原價意識，自然能解消對泡茶的不滿

在家庭，女職員很樂意為訪客泡茶，但一換成公司時，滿臉的不高興，因為她們認為泡茶是最卑微的工作。要改變這種意識，首先在商場上，上司自己應考慮清楚為何一定要倒茶，然後再向女職員解釋。這點似乎解釋得不夠詳盡。

商場上的泡茶與女職員所認為茶藝的泡茶不同，一杯茶本身就有原價意識。例如公司來了一位客人，他坐了三十分鐘的電車來到本公司，若是折合時間與交通費的話，要花多少代價，這實在不是一杯茶所能支付的。因此，自古即有：「來訪的客人是最尊貴的客人」。

對於這樣的客人，抱著「特地遠道而來，非常感激」的心態，倒出一杯可口的好茶來接待，這才是出色的管理。因此，也必須學習正確的茶道與倒茶方法。了解這個意思之後，倒一杯茶就不是件枯燥無味的工作了。

◉ 喜歡說「但是」「可是」的女職員，應反覆強調對工作的達成感

「但是」「可是」「反正」這三句話ＯＬ常會掛在嘴邊。的確，女職員在被責備或委派工作時，經常會說「但是」「可是」。例如這種情形，「看過你前天寫的會議記錄，錯字、漏字太多」「那是因為大家都用我不知道的文字。不過我很努力寫呀！」

要是再說「而且字也寫錯」，她一定會回答道「反正人家學識不夠嘛！」像這樣會找籍口的女職員往往對工作沒有自信。沒有自信就錯過了對工作的挑戰。因此對做不好的工作就會找籍口。於是「可是」「不過」「反正」等辯詞就多了。

對這種女職員應強調工作的達成感，「要是你做得好的話，就能在公司的考績上得個Ａ，大家一定會替你高興」。

實際上要是達成目的後也會感覺到「啊！還好試著做了」。累積這種經驗，這些辯白的口頭禪會消失，而且也能啟發幹勁。

◉平常具體地指出目標，可以提高女職員的幹勁

根據某銀行的調查，迫切期望ＯＬ管理者做到「提示目標」。反過來說，即是對女職員的工作，也應給與正確的目標方向。

不管是工作或遊戲，得到最具體的目標後就有幹勁。沒有目標就提不起幹勁。要提高女職員的幹勁，首先必須先表明具體的目標，所謂的目標並不是指這期要達到多少億的營業目標，而是指女職員平日工作中設定比較切身的目標。

例如，在三井銀行中對新入的女職員，每個月都定二個目標。第一個月：①所有的事都依規則來處理（不能貿然斷定，一定要當場依規則來判斷）。②正確了解存款、支票以及票據的意義。

第二個月：①凡事要事先報告（不可認為自己能處理就掌握著情形不讓別人插手）。②理解存款的規定事項，票據交換細節。

這是一項例子，如果能具體地指出目標，新進女職員會了解何時何地如何地表現自己的衝勁比較恰當。然後再朝下一個目標努力。

◉一聲「是」對持續女職員對工作的幹勁很有益處

據說學校教育的荒廢是始於老師在教室裡不能嚴格要求學生認真地回答「是」，一句「是」的效用很大。上司委派工作時，若回答「是」，就表示「是，讓我做，交給我，我會全力以赴」。回答「是」音調的強弱可以判斷對工作敬業的態度。很有活力地回答「是」的女職員，對工作充滿了衝勁，一聲「是」有助於持續自己的幹勁。回答「是」不單單只是禮貌的作為。讓聽者感到心情愉快，自己也會愉快。全工作崗位上的氣氛也會快活。

相反地，經常不是愛回答「是」的女職員，就得注意了。對上司或同事回答事情的態度不好，很可能對顧客的回答態度也會惡劣。不只是要對外的態度有一百八十度地大改變。

要是對內的態度不好就認為算了吧！很容易破壞公司全體的印象，對於態度不好的女職員應該教導她正確地回答「是」的態度，為了啟發幹勁，此種訓練是必要的。

◉要順利使工作完成，應確實掌握女性特有的「被害者意識」

經常說到「男性在公司當然以工作為中心，而女性卻以自我中心而感到困擾」。原因是因為一般而言，女性被害者意識比較強烈，抱怨也較多，容易被認為「只考慮自己的事」「一切都以自我為中心」。

所謂女性的被害者意識，男性很容易認為是「對男性的被害者意識」。但，實際問題多數女職員的不滿，感覺她們在公司中，與女同事在工作上無法平衡，就造成被害者意識。例如，向上司抱怨「受到不同的待遇」，而對手則女職員的情形比男性多。

大部份的原因是同期進入公司的T小姐每次都分派輕鬆的工作，而我總是做辛苦的工作，這種女職員間工作分配的量與質的問題。「受到不同的待遇」特別是同性之間很難忍受的心理，就成了被害者意識。要使公司全體更有活力，為了更順利完成工作，管理者應確實掌握女性被害者意識的存在。

◉女職員會對工作有所不滿，原因是眼光太窄

最近的報紙，經常介紹雇用女職員可獲取利益的企業。本來是因現場方面人手缺乏，在不得已之下才雇用女性，沒想到意外地有了好成績。

求助於這種企業的女職員，一致表示「工作沒什麼意思」。這句話大概包含了要給與新工作來擴展自己的視野的意思。

女職員對工作有不滿時，追溯其原因，發現她們對工作的觀點看得太狹窄。因此在日常的工作裡，無法表現自己的成長與既定的目標，也會失去對工作的熱情。

為了防止這種情形，應時常調動女職員。改變工作環境，可以增廣視線，而且可以製造與更多的人接觸、面臨更多元化的工作機會。人事調動除了可以擴大女職員對工作的視線外，還可有效地激發幹勁。

◉太忙而無法聽女職員的報告時，應具體地告知有空的時間

女職員要是說「組長，我有事想報告」，常見上司連頭都不抬就說「現在很忙，待會兒再說」。但是，如爲男職員想報告的話，又會怎麼樣呢？至少他會聽他想報告的是關於哪方面的事。

因為上司認為女職員所報告的事都不是什麼重要的事。這種不同的待遇，雖然管理者是出自無意的，但女職員對這種差別待遇卻是很敏感。要是經常如此，雖然上司完全沒察覺到，員工之間會謠傳「組長重男輕女」，與女職員之間就造成很大的隔閡。如此一來，就別想要讓女職員提起幹勁了。

即使非常忙，忙得連聽女職員報告事情的時間都沒有，也應該告訴她可以聽她報告的時刻。「現在很忙。再一小時就有空，到時再說」這樣對她說，就不會招致女性差別待遇的誤解了。女職員報告的事，對上司而言雖然是瑣碎的小事，但有很多也是很重要的。一句「我很忙」就拒絕她的話，會打退女職員的幹勁。

◉要回絕女職員的主張或抱怨時，應對她說「原來這樣，但是……」

女職員在敍述意見或提案時，或者對上司的命令有所不滿時，要是不能贊同其內容，不要一開始就否定。把話聽完，然後用「原來如此，但是……」來回擊。

不把話聽完就說「啊，不行不行」或「不可能會這樣」，在女職員心中會認為自己不講理而被拒絕，反正上司不聽我所講的，就不再考慮被否定的理由。

但是，至少聽她把話說完，然後表示理解地說「原來如此，我了解你的意思」然後再具體地向她說明「但是，你的主張有些不適當的地方」，她們應該會了解的。

指出理論上的矛盾或分歧點，可以給她們一個如何考慮事情的機會，而且可以學習判斷什麼事是可能，什麼事是不可能，什麼樣的問題應該妥協。

「都不肯聽我說」這種感覺只會積壓不滿。「原來如此，但是」這種說法，可以讓女職員以新的心境面對工作。

◉不要當場否定女職員「靈機一動」的提案，應讓她再度考慮

靈機一動或忽然想到的主意，多出自於不知不覺的情形下。也有人在浴室中發現科學的發明，在寢室忽然想到某個構思而得諾貝爾獎。

突然，在公司有位女職員提出提案「課長，昨天我要睡時突然想到好構想……」。這種情形的「靈機一動的提案」對實際工作程序的改善並無多大幫助。只是在腦子裡思考，完全脫離了現實狀況。雖然如此，一開始就否定這種態度並不正確。

「再加點工夫比較好」應該鼓勵她再考慮提議，加一點工夫比較好。雖然這項靈機來的構想毫無價值，但這也是女職員對工作表示幹勁的一種方法。立即否定提案就如同否定了幹勁。

為了要更發揚她的衝勁，建議她再一次考慮這項提案，提供一些改進的建議。利用小集團活動比較有效。要是上司被批評「那種上司都不接納女性的建議」，他就無法教導女職員了。

◉即使她好說話，也不能將工作都推給她

人之中，有好說話與不好說話的人，在公司裡，也有拜託她什麼事，她都好好地接受的女職員。要是有急事想急著去做時，一定很反射性地想到這些女職員。而且這種類型的女職員在公司很容易被人認為「啊，她比較好說話，拜託她的話，一定會答應」，所以就成了別人差遣的對象了。

結果，她忙得頭昏腦脹。

這種把工作都集中在某女職員身上的弊害很大。不只是本人，連周遭女職員的鬥志也會消失。本人雖為討好別人而表面上答應，但心裡一定很不滿地想「為什麼都叫我做一些雜事」。周圍的女職員會誤解「光是派工作給她，是不是上司特別照顧她」。

在分派工作給女職員時，最好不要注意誰「好說話」，誰「難講話」。集中工作在一個人身上，工作效率也會低落，說不定會減退工作意欲。

◉常常教她們認識女職員對公司的重要性

高度成長時代，企業多少會有些損失，仍然能經營企業。加強生產、增加收益來增補這些損失。但是，今日低成長時代，企業制度的效率化維繫著企業的生死。企業制度之中，女性職員是重要的人材，能認真爭取女職員人材能力的企業與不能這麼做的企業，兩者有很大的差異。

開發女職員能力的第一步，就是讓女職員自己認識本身存在對公司而言的重要性，「反正，沒有我也可以」這種意識會妨礙女性的活性化。因此為了不變成這種地步，可將男性的工作交給女性去做。

例如，小規模的預算管理可以完全交給女職員去做。

人類的需求有五階段：第一階段是生理的需求，第二階段是安全與安定的要求，第三是歸宿與愛情的慾望，第四是自尊的要求，第五是自我實現的欲求。一般而言人類都是由低的階段往高階段逐漸往上追求。

第四階段自尊的要求，是希望自己在他人心目中，自己的存在是有用處，而且是有

能意識自己存在的價值，可提高士氣。

價值的人、被尊敬的人。全權負責一項工作，女職員了解自己在上司的眼裡是一位有用的人。

相反的，因被忽視而引起不滿的話，會削減幹勁。「課長明明坐在跟前，他一點都不知道我請假」有女職員受這種刺激而辭職。

要確認女職員存在感、提起幹勁，就得刺激第四、五階段的需求。要讓她意識「沒有她的存在不行」，這樣女職員也會積極地做好自己的工作。

◉應避諱對女職員的行動一一地追查

有管理者對女職員離開位置時，一定會問「去哪？」「部屬離席時應先向上司報告去向」這種管理者的心得，或許認為有必要實行，但對女職員應該用比較柔軟的處理方法。

女職員有時候不想驚動周圍的人而離開位置，例如，一般的女性很難開口說要去化粧室，若要一一確認的話會有一種不快感，認為「連去化粧室都要監視」。

某公司以女職員做調查的對象調查「公司裡令人討厭的事」，有百分之二十一的女性表示是「監視的眼睛」。問她們在什麼地方會感覺到有監視的眼睛，很多回答是「連到化粧室都要問」。對於不明確的行動特別多的情況才需要問，要是女職員悄悄離位，至少要觀察一下才行。

有必要注意觀察女性職員的工作或行動，但是與監視的意義就不同了。適切的檢舉可以培育女職員的衝勁，監視的眼光只會損傷銳氣。若對於行跡不明而感到困擾時，可設置「離席記錄卡」來登記離席後的去向。

◉要讓女職員更活性化，應使用「奉承」的技術

所謂「奉承」並不是向女職員拍馬屁，不管對方是男性或女性，認為討好他們來工作是一種邪道。

在此所提的「奉承」，是指引發女職員衝勁心理的動機。例如，在委派一項新的工作時加添一句「前幾天，你提到的好構思才使我想到……」，必然能使之欣然接受。要是前幾天說的話是對上司或工作有嚴厲的批評或不滿，加上一句「你認真地想過我說的話」來確認一下。

這若是「因我的話而想到」的工作，她會以更積極的態度來面對工作。

日本生產性本部理事西堀榮三郎在著作中指出了「煽動」的效用，在此介紹一部份。「要教育的是『讓他很得意』，然後愈來愈提高意欲，因此會增強能力。會將『得意』想成壞事的人，是嫉妒對方有正確方向與目標的指示能力，嫉妒對方能力高強的人。」

◉過度褒獎女職員會使她有不安感

啟發女職員幹勁的秘訣是說一些奉承的話，但是有一點必須注意的是過度的獎勵反而會得到反效果，不善於管理女職員的管理者應時時注意「過度褒獎的弊害」。

不只是女職員，一般人要是受到別人誇獎，心裡會很高興，同時也會不好意思；不值得誇耀的話，誇獎的言詞是多餘的。於是聽者認為誇獎並不是真實的，反而有一種嘴邊說說而已的不快想法。

結果，本來想誇獎一番反而被認為是諷刺，容易被誤會。

特別是最近的年輕女性，不想出風頭，不想被忽略的意識很強。上級的褒獎會使自己在同事間顯得矚目，這種行為會使女職員變得神經質。

誇大的讚美會使人認為利用自己來諷刺別人，所以有必要對讚美的言詞做適度的調整，並不是多就是好，若無其事地簡單表示才是原則。不要在乎語言表示的足夠與否，只要讓愉快的言詞留在心中就行。

◉注意髮型變化也能改變女職員的幹勁

平常上司對部屬女職員關心程度如何，調查的方法很簡單。某天叫一位女職員改變髮型，這時看上司有何反應，他的反應可以了解對員工的關心程度如何了。

下了很大的決心把長髮剪了，到了公司大家一定會談論著，滿懷著不安與期待的心，很緊張地坐下來。這時看見課長，但課長卻一點也不在意，女職員會覺得「我在這兒竟得不到關心呀」，當然在這種情形下就湧不起勞動意欲了。

但要是發生在太太身上那就不同了，到美容院去改變造型，「你看，我變了吧！」但一點反應也沒時，一定會發生夫妻吵架的事。因此，女職員在改變髮型時也最好能說上一句話，「長髮為君剪，是不是失戀了？」這麼一句，也能讓她知道上司的關心度，肯定自己的存在感，如此必能提起工作慾望。

◉要激發女職員的士氣，不只限於語言上

在閱讀女職員有關工作進度報告時，會有驚人的發現，那就是管理者沒發現有許多事女職員本身都很了解。

例如，認為說過的誇獎用詞很有效，就接二連三地使用，這種管理者給人的感覺「又是老套」，反而會令人很不高興。

這種原因是因為光以個別指導，欠缺機會指導。機會指導有三C：機會（Chance），挑戰（Challenge），變化（Change）。給與好機會，好環境，然後觀察經過情形，探知其成長與變化，一連串的教育練習。

個別指導，與個人競賽中選手與教練的關係一樣，而對話或交流的活潑化是項重要的因素。誇獎的言詞也是重要的手段，被稱讚之後，大家都想成為「主角」，但是這個階段親身學習的機會指導比較能收到效果。

每天一成不變的工作，也有必要慰勞一下。

◉一成不變的工作也需慰勞

某個老資格的女職員說過，女性絕不是討厭倒茶之類的工作。沈悶的工作，有時也想改變一下氣氛，一天之中面對繁雜數字的合計，心情好也會泡泡茶。在廚房內稍微聊一下也是很愉快。

討厭泡茶的原因是，即使滿懷心意泡的茶，一句話也沒說，當然做起來就沒意思了。「今天的茶很香喲」要是上司或同事這麼說的話，心裡一定很高興。

同樣的，如打掃或影印文件也是如此。一句感謝的話都沒說的話，就成了無意義的打雜而已。因此偶爾慰勞一，下效果也是很大的。

◉對於還未習慣的新人，少用前輩式的言詞指導

傳達相同內容的話，有積極的說法與消極的說法。「寫數字是很容易錯誤，一位數錯了以後就麻煩了」「端茶時太緊張，把茶灑到客人的女職員要多注意」，如此只強調失敗的一面是消極的指示，這種說教似的說法特別是對新進職員最好少用為妙。對工作還沒有十足的信心，心裡還有些不安的新職員，說不定因為這樣而氣餒了，因此，不要用消極的態度來教育職員。

新人是從失敗中獲得經驗而成長。本行社長草場敏郎曾指出「避免傷害對方」，即使失敗也要勸她積極地往前，這種比一開始就怕的方法更有成果。做事的成功率若只有百分之六十的可能，也要試著去做。

提供一些技巧鼓勵她，可能將百分之六十提高為八十為九十。暗示做法的積極指示，比或說這個不行、那個危險的消極說法，更能激發士氣。

◉初期一定要對一件工作抱有信心，再逐漸增加件數

入公司面試時，問到「想做怎樣的工作？」女學生一定會答「比較有創意性的工作」。問這些學生，「那所謂的創造力是什麽」，才發覺創造力是每個人一開始就具備的能力。

但是，工作上的創造力是由實踐活動的累積與反覆的嘗試錯誤而得來的。我們曾告訴新進職員以「一專多能」當作目標，是指先在一個範圍內學習，然後再擴展範圍。此處所指的學習是利用知識技能的訓練，體會處理工作的原則，學習臨機應變的判斷力與行動力。

對新進職員而言，必須先學習一項工作，如此在精神上才有安定感。對任何事都不了解，博而不精的話，到了處理正事時，也起不了多大的用處。因此，對自己擅長的範圍，不斷地吸取新知識，不要埋沒技能，對下一次的工作也有應用的地方。常指導新進女職員要先由一項工作來逐漸擴展職務的範圍，學習一些能力與技能。

◉委派一定程度的工作之餘，不要忘了給與更高程度的工作

對ＯＬ進行調查，發現女職員失去幹勁，第一個原因不是工作「辛苦」，而是工作很「無趣」。無聊的原因是每天的工作很單調，沒有變化或新發現。從這點反而可以了解啟發女職員的幹勁，也就是不要交待無聊的工作給女性職員。

要是一直都分派同樣低層工作的話，大多因為對方是女性，所以應該毫不猶豫地不斷給她更高層次的工作。例如「現在的工作已做了六個月了。這次換做這種工作吧，過了一年之後，你大概也能獨當一面在第一線窗口為人服務」。

在三井銀行，以六個月為目標，然後再逐漸擴大加深工作範圍，也就是對工作內容同時做水平與垂直的擴大。與其特殊的待遇，不如以平常心來教育女職員，在入公司後短暫時間讓她多方面一步一步地嘗試，再觀察其適應性。如此也能滿足本人向上的慾望，更容易地建立公司的目標。

◎工作進行很順利時，偶爾來一點鼓勵的α^+

例如要買東西，有二千元的商品與三千元的東西，兩者的品質差不多，不過三千元的東西有小的α^+的機能。於是女性會選擇三千元的商品，女性都比較喜歡α^+。

化粧品公司的販賣戰略上，比品質或價格更強調α^+的贈品戰略，能針對女性的心理做有效的銷售方式。上司要啟發女職員的幹勁，也應利用女性這種心理。

在完成工作時，光是語言的稱讚是不夠的，也可來一點α^+的鼓勵。只是說一些稱讚的話，用的次數一多，就成了千篇一律的說辭，感激的心意也薄弱了。「課長總是嘴上說的好聽而已」只是嘴上稱讚容易讓別人造謠中傷。

對一個企業而言，服勤四年的人可以舉辦六天四夜夏威夷旅行，五年以上有美國西海岸的海外研修，可以準備比較大的α^+的獎勵，也可以舉辦晚宴、贈送圖書劵或電影招待劵等。在企業能力範圍內，將獎勵的語言化為形體。

◉對同事有不滿的女職員要用集團討論來促進合作

有女職員會這麼要求「我和S小姐合不來，希望能換伙伴」。女職員在工作上的伙伴會以個人的喜好來判斷。

在工作的伙伴或結婚的對象都是一樣，「討厭的人是無法成為伙伴的」。這時候「工作與結婚不同，與伙伴在性格上不一致也沒關係」，管理者應從工作上的看法來解釋。另一個方法對於重視伙伴感情的女職員，可以勸她們參加小集團的活動。

自北京人時代就有了小集團活動，所以其歷史很古老。不過對高度情報化社會下的企業，如今仍然是個有效的方法。小集團活動的價值之一是對女職員而言，即使在同一公司工作也可以認識了解許多和自己意見不同的人。

「有人抬轎，有人乘坐，有人做隨從」這種比喻法，說明人扮演各種不同的角色，公司的組織也是相同的情況。女性對於團隊合作的理解化較弱。為了要理解團隊精神，就讓她們在小集團的整體裡體會活動中合作的意義。

間接的誇讚，可提高士氣。

◉偶而間接地稱讚一下，可以增大女職員的士氣

有些女職員對課長的話「你的文書總是很整齊，部長很欣賞」而耿耿於懷。

雖然不是親口說的，也能感受到部長的賞識、讚美、感謝部長的同時，也謝謝課長傳達的好意。

像這種間接地稱讚比面對面來得有效。對於平常不常接觸的上級主管意外地稱讚，再也沒有比這更能提起女職員的士氣了。

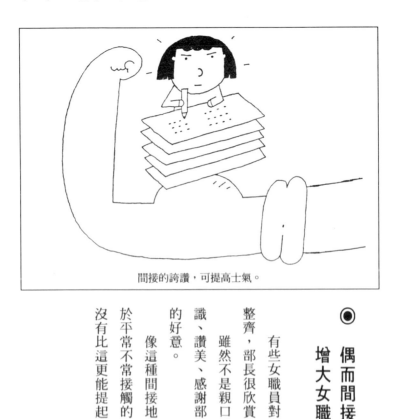

◉ 失去魄力的女職員暫且先派容易達成的工作給她

進入公司時不自稱自己是個「朝氣勃勃」的人，對工作都採取積極的態度，但最近總覺得沒什麼魄力。要是發現有這種女職員，管理者為了要發揮能力就得再度檢討這位職員的工作情況。

在工作教育裡（on the job training 簡稱ＯＪＴ）以部屬為學習的對象，將部屬的意欲當作出發點。而且管理者在實施教育指導時，儘量能讓部屬容易學習，要下工夫準備、安排、幫助他們。

從ＯＪＴ的觀點來看，從教育指導到能力發揮這個程序中，對工作可分為三階段，從「了解」到「會」，由「會」到「做」。對工作沒魄力是由「了解」到「會」的階段不能順利的移轉，因此，這時候應將工作的目標訂低一點，降低目標是要讓本人體會「連我也能做」的達成感，以及讓自己恢復信心。

「女人的工作就是如此」，管理者最忌諱在職員失去魄力時，還放著不管的態度。

◉斷然地將男性的工作交給女性去做

「他做事的態度真散漫，我給他許多的建議，他卻一點也不接受。總是欺侮女性……」若是聽到女職員這麼說，將男性工作的一部份委派給她試看看如何？也就是從男性轉給女性「工作的委讓」。

在激動的技術革新聲浪中，「男人的工作」與「女人的工作」區分得很清楚。三井銀行以前將企畫與審核的工作屬於男性，作業與程序方面屬於女性的工作。但現在女職員也逐漸從事企畫與審核的工作了，今後也將男士的工作慢慢地分派給女職員負責。

對於男職員的工作、女職員常會批評這個說那個的。但是，現在背景環境改變了，愛批評的女職員會更積極的做好工作。至少會比對男性工作一點興趣也沒的女職員顯得更有幹勁，這種女職員為了本身的利益，為了企業，她們不會保持沈默，會要求嘗試挑戰性的工作。

◉經驗豐富的女職員失去鬪志時，給她一些高層次的工作

完成一項工作的過程中，上司與部屬間常會產生分配任務的隔閡。上司認為部屬所期待的內容與部屬認知的任務，有分歧的意見。

「經驗豐富，所以委派這種工作是當然的」上司會這麼想，但部屬卻不滿地認為「為什麼連這種事也得自己來做」。多半的原因是上司對部屬的期望過大，但女職員的情況卻是「期待不夠」。這種期待不夠會減弱經驗豐富之女職員的士氣。

因為是老資格，在她職務的範圍內委派她經驗過的工作。不過在新人時代憧憬的對工作的新鮮感完全沒有了，而且上司也沒表示所以就算了，對自己的能力也劃了一道線，即表示對工作沒有幹勁了。這種情況下，有必要讓女職員提升一下，儘可能給她們更高層次的工作。

因為目標更高，所以有必要更啟發自己。完成這項工作之後，再分派另一個更高的任務。如此反覆去做，再激起老資格女職員的士氣。

◉觀察別的女職員可以了解使自己公司女職員活性化的重點

以前提過，讓女職員到同行的公司去觀察別人，是一種有效的教育禮儀方法，這種方法管理者自己也做的話也是很有效。現在，讓公司更活性化，對管理者而言是一項重要的課題，應仔細觀察。

為了要讓自己的公司活性化，應以有實績的公司為藍本，有活性化的公司，不僅男職員，連女職員也會有生氣地工作著。觀察女職員工作態度，可以了解要活性化自己公司的女職員的重點。

有些公司將重要事件交給女職員，意圖要提高士氣，又有些公司將女性的管理委交給女性。更有公司將女職員另設一課，依志向的不同加以管理與教育等各種活性化的成果，都是參考其他女職員的情形來抓住實踐重點。仔細觀察活性化公司工作的女職員，會發現背後激發她們工作士氣的管理組織。

要利用女職員的資質還是抹煞它，全看管理者的手段了。

◉上司的一句獎勵決定女職員創意的存廢

日本產業訓練協會在管理者教育之書中指出「上司的言辭可以造就部屬的創意」。就如「嗯，這個不錯，一起研究看看吧！」「你能發覺到，不妨再想一想」「哦，實在是個好方法」「那個既然能做，這個也可以」。

特意舉這些例子是因為上司的一句話決定部屬的創意工夫是否有用。這與稱讚女職員部屬的情況相同。上司的誇獎可以導引部屬往更大的目標努力。誇獎的效用很大，讚賞的言詞不但可以延續長處，只要使用得當還可以自覺自己的缺點。

想改正女職員的缺點時，不要一語表明缺點，事先先稱讚優點，使她自己有信心。讓她本身認為「我在這方面有這種優點」而懷抱著信心，然後再指出缺點，這種方法要比只是指責缺點來得好。

土光敏夫先生曾指出「該稱讚就稱讚，該責備就責備。不稱讚不責備的管理者真是無可救藥的人」。能巧妙地稱讚別人，對管理者而言是一項重要的資質之一。

一句「不愧是你」可以提高女職員的能力。

◉與其說「好辛苦」不如說「真不愧是你」更能提高女職員的能力

新進女職員要是有滿桌等待處理的文件時，以男性的心理會體貼地說聲「好辛苦哦」或「不要緊吧」，但是從不考慮她成長的過程，所以雖然體貼地慰勞她卻是負作用。

「總是強迫自己做不願做的事」等於承認她這種意識，於是容易造成不安或不滿、易依賴他人的心理。

所以這時候應該說「哦！真不愧是你」這種鼓勵的言詞比較好，這一句能往達成的目標推進。

◉不要忘了與年輕男職員均等地編制

在大型百貨公司工作的女性進行測驗調查，結果發現「男性不夠」的不滿列居第五名。理由是「沒有男性的話，女性就非得做重勞動的工作，而且都是女性也沒意思」。

女職員不喜歡做同年紀的男職員的助理，或許是與年輕男性職員有隔閡。不過，跟能成為戀人的同年年輕男職員一起工作的話，每日也會起勁的工作，同時會注意自己的外表儀容。

以公司全體來說，像百貨公司男性職員少的情形，女職員或許也都習慣了。但是，在同一工作場所裡，雖然某些女職員會參加男性的團體中，但另一方面也經常有一群全是女性組成的小團體。

「她都做輕鬆的事，而我老是幹這種棘手的事」「反正好事不會輪到我」等不滿就到處可見。如此一來，不但士氣漸弱，女同事之間的協調也發生裂痕。

女職員若是有機會與男職員共同編制的話，上司應該要男女均等地分配才是。因為女職員一向對不平等的事非常敏感。

◉女職員小小的不滿背後隱藏著全體職員的不滿

有些男性管理者對女職員的不滿認為是「小事」。女職員各方的不滿都混雜在一起，而且都視為同一水準下的訴求，因此上司在百忙之中都會推諉：「無法一一解決」。雖然只是認為微不足道的不滿，其中可能意外地隱藏了公司全體人員的不滿。

「最近大家都懶懶散散的，真不好玩」要是發現女職員有這種不滿，觀察一下周圍的情況，大家確實都沒有活力。與多數部屬磋商的結果，發現公司中包含著機構改革的各種不滿。

不應該將女職員的不滿當成耳邊風，至少要了解一下不滿的內容。三井銀行裡，上級官員不透過中間管理主管直接與女職員交流，有時會長、社長也參加。

與男職員比起來，從女職員的口中滔滔不絕地發言，反而令當場的課長或組長捏了一把冷汗。上級主管直接與女職員交流，他自己本身可以洞察女職員的不滿以至全公司的各種問題。

◉解決女性集團的問題，與其個別說教不如集團討論有效

「誰來做呢？剩下的業務處理，就是沒有人要負責」「有人準備早上的工作」「沒有時間追踪每天的工作指導，要別人記住的工作一轉身自己就處理了」……這些是三井銀行「內部女管理責任分配表」中列舉出問題點的一部份。

都是管理者不可忽視的問題，解決這種問題時，向來管理者都把對象的女職員找來，要她注意或是說教一番。但是，對於有關公司全體的問題，個別的以管理者自己方式來解決，倒不如集合多數公司的人之智慧，更能找出有效的解決方法。

那就利用小集團活動。中間管理者往往怕上級注意，所以公司的問題都由自己來解決。但不知不覺中問題就堆積如山，不能完全解決時，往往就對部屬說教一番。最賢明的方法是將有關公司全體的問題以小集團活動來討論解決的方策。

特別是對女職員的工作管理，後輩的指導，公司的禮儀，團隊合作等問題，利用女職員小團體的討論更能找出有效的應對政策。

◉要促進女職員的自我啟發，勸她向資格取得挑戰

很多企業要提升女職員的士氣，向上的能力，特別重視自我啟發。但是，雖然強調「自我啟發」，但女職員之中有不少人還不知道該立下什麼為目標，要如何努力。

對於不了解自我啟發意義的女職員，應勸她取得具體的資格，這樣比較容易了解。不是「字寫得整齊」而是「向鋼筆習字的一級挑戰」。擔任會計的女職員以簿記檢定當目標，接待外賓情況多的人可以勸她向英語檢定考試挑戰，對工作有直接的影響，所以也會更努力去做。

促進自我啟發要取得資格之餘，也希望公司方面有某程度的支援制度。在三井銀行，為了要讓女職員積極的取得資格，舉辦講習會或通信講座，公司負責全部或是一部份的費用，非常有成果。

對於自動自發取得資格的女職員也可贈與獎金以資鼓勵。以取得資格為目標，不但可以增強實力，而且可以提高向上心，培養自信心等，好處相當多。

◉是否討上司的歡心決定了女職員的士氣

新進女職員會組成小集團，彼此會對公司的生活所產生的不安互相討論，就如「不知該如何與公司的人和睦相處，心裡好不安」。仔細聽這句話，從這不安之中可以了解二件事：是否得上司或男職員的「人緣」或前輩是否會「接納」我。

男職員以工作來觀察人，而女性職員則以對方如何對待自己的感情角度來觀察人。即使男職員的上司討厭自己，自己也會努力想超越上司而鬥志勃勃，但女職員則認為被別人厭惡了士氣就漸漸消失。相反的，要是感覺上司很好，就會想「為了他即使赴湯蹈火」或「下油鍋也再所不辭」。「是否討得上司喜好」的判斷對女職員的勞動意欲占有很大的比例，但對男職員就不見得了。

事實上，上司的好意衡量是沒有標準的，生氣時總是大聲斥責；高興時也只是在出差回來順便買土產而已。不過上司稍微的舉動，對女職員的士氣卻有相當大的關係。

第四章

策定戰鬪力的訣竅

◉女職員的舉止是決定公司「成長能力」的要因

ＱＣ和ＴＱＣ這兩句話，最近在日本的企業界上被大力的提倡。ＱＣ即是quality•control也就是品質管理。ＴＱＣ即是total•quality•control就是所謂的整個公司的品質管理的意思。三井銀行也正在積極展開ＴＱＣ的活動。

可是，問到在公司中品質為何物呢？一定馬上會答覆為當然是自己的公司所生產之產品的品質啊！那麼應當也會注意到，就管理者而言ＱＣ只單是指東西的品質管理就可以了嗎？也應該包含著人事上的品質管理吧！當然女性職員也是不可欠缺的對象了。

現在，企業的成長力被喻為是依ＴＱＣ的進展程度而被推動出來。從人類的品質管理方面來看，一位一位的職員所擁有的知性或感性，就全體而言如何才能符合顧客的需求呢？這可說是成為占卦今後企業成長力的關鍵之一。

所以，我們一有貫徹「顧客志向」的機會時，全公司皆貫徹到底的努力著。是否真能貫徹顧客的志向呢？這也由女性職員在工作上的配合與接客態度中顯現出來。只看女性職員的一個行動，就能判斷能發展的公司和不能發展的公司。

◉第一次指派工作時，別忘了說「妳應該沒有問題的」

有改革社會的法則一說，即使是正確且正常的事，僅說一回或二回是不能改革社會的。不斷反覆的問，不斷反覆的說，開始一點一點有了作用，社會就會有所變化了。在公司中工作的教法應當是一樣的。那就是「不斷重複的持續力」。

工作教法的第一步驟是「讓其有學習的準備」。這有四個要素：①令其輕鬆，②指示要做何事，③確認其所知的程度，④令其有想學習的心情、站立在正確的工作位置上。再來進入第二步驟的階段「說明程序」。

這也有四個要素：①將程序一一說給他們聽，做給他們看，②說明重點，③沒有比能理解水準更強了，④培養其忍耐力。再其後，終於進入「讓他做做看」的階段。此時，可不要忘了「妳應該沒問題的」這一句話。

當接受到第一份工作時，誰也會感到不安。管理者經過第一、第二步驟，在認清了她的能力之後才給予工作，但女性職員卻沒有自信自己能否達成任務。雖然只是簡單的一句話，「既然課長這樣說了，應該也是我能做的工作吧！」令其安心，培養出工作輕鬆的精神狀態。

◉曾教過的事，不要每次都叮嚀，偶爾不作聲地讓她做做看

在前項中提到工作的教法有幾個步驟，在第一步驟令其有學習的準備，在第二步驟說明程序，在第三步驟，終於實際的進入「讓她做做看」的階段。這時候的四個重點是①讓他邊做邊確認程序，②看著他做並指正錯誤，③確認重點和要領，④確認是否有瞭解了再做。

管理員在教女性職員工作時，到第三步驟為止比較能順利的掌握控制；困難的是，最後的第四步驟「回顧、指導結果」的階段。在此的最終目標是「漸漸的將指導次數減少」。就像小孩子離開父母一樣，促進他們離開管理者，獨立作業。

管理者一旦離開後，若是每回，都以擔心她們為藉口，對於女性職員的工作一一的插嘴，這是不可以的，必須將插手干預的次數漸漸地減少，這對管理者而言，是需要相當的耐力。有時恨不得拿夾子把嘴夾住。但是若不如此，無論到何時女性職員都不能自立；管理者在教育女性職員的時候，把教導的熱忱比較一下，常常是欠缺了培育的關懷。為了培育她們，需要在旁靜靜地觀察看護的時候。

◉對女職員而言，最忌諱上司說「有事我負責，放手去做吧」

當要給予未曾經驗過的工作時，年輕的女性職員常有的反應是「什麼！我嗎？沒有自信耶」，此時不知不覺的會想說「有事我負責，放手去做吧」。聽起來的確好像可依賴的上司一番激勵的言詞，其實並非如此。這可說是令女性職員洩氣的言詞之一。

當在說「沒有自信」時，女性職員在將自己的能力和工作的內容互相比照，正在決定是否要接受這份工作。

此時只需勉勵的言詞，並不需要到上司來負責任的地步。若是，老練的女性職員在接受重要工作前有所猶豫的話，或許就需要這些勉勵的話吧！

但是對經驗少的女性職員說這些話是不太適當的。會使她們每當接受到一項困難的工作時，都指望有這樣的話來做依賴。沒有了上司責任的保障就失去了挑戰新工作的信心。其實只要一句「放手去做吧」的話就足夠了。如果上司太過於承擔責任，那麼，何時才能培育好女性職員的責任感呢？

◉命令年輕女職員時，不適用委婉的說法

「喂，那件事怎樣了？」「嗯，那件事是……」「就是前些時候我拜託的那件事啊」「話雖如此……」，男性上司和女性職員之間總會出現如此的對話。在質問那件事的上司，對於極為不易理會事物的部屬不禁覺得焦燥。但是「那件事」等的說法，首先將它視為是未傳達給女性職員的事比較好一點。

男性管理者因覺得自己已了解，當然女性職員也應該是了解，所以才會有這樣的問題。若以女性職員這一方來看的話，受託的工作不是僅有一件，從同一課的人手中接受委託種種的工作，所以僅說「那件事」並無法斷定所指的是哪一件事。像古代妻子一聲「喂」就了解其夫所指何事的情景，這個時代已行不通了。

管理者使用含糊的言詞給予指示時，大概自己的頭腦裡並沒有整理好的時候居多。對由多數人那裡接受委託工作的女性職員指示或命令有關工作時，儘可能不要拐彎抹角，直接且具體的說出比較恰當。

在女性職員的抱怨聲中有不少原因是因「上司的想法」所引起的。

◉女職員會假裝推辭一份新工作，不要完全地相信

向女職員說「此回新的工作希望妳做做看」時，馬上回答「是的，請讓我試試看」的人，可以想見是少之又少。大部份的人都會發出「什麼，我嗎？」等困惑的疑問。此時管理者最好不要貿然斷定「不要太勉強她吧！」

女性職員和男性不同的地方是，即使很有自信，對於新工作也不明顯地表示熱衷。這是因為害羞呢？還是因為在同事面前，只有自己受到重視而覺得不好意思？所以才會做出躊躇的姿態。

其實，在內心裡，不但很高興自己的能力被認定，也對能挑戰未知的工作感到興奮。所以「那麼，委託○小姐吧！」而將此項工作轉交給其他的女性職員，那不只破壞了情緒，還摘掉了意欲的芽。

即使是採取推辭的姿態也讓她試試看，這一點最重要。讓她試試看，說不定有意想不到的工作成果；如果女性職員們一推辭，上司就撤回成命，那就無法期待女性職員的力量了。

◉告訴女職員訪問地址時，務必將它寫在紙上

派女性職員出外辦事，除了令人擔心之外，還有就是很花時間。當質問她「到底怎麼了花那麼久的時間」，她會說是「我迷路了」。「迷路了？那裡面對著大馬路，任誰都可以一眼就找到，不是嗎？」「但是，一到了那附近就是找不到」，就如此的爭論起來了。這一點下達使命的上司也有責任；管理者應該了解一個事實，所謂的「路痴」在人類中以女性占壓倒性的多數。

指派女性職員時，有一項原則，那就是要她帶著標示目的地的路程略圖。像是「一出捷運站的出口向北方走，就能看到目的地」或是「從台北車站的南口出來，順著重慶南路向總統府的方向大約走五分鐘」這一類的指示方法。

應該要了解，女性對東南西北的感覺是令人不放心而且弄不清，所謂的○○方向的表現方法。即使女性職員回答「我對那附近很熟，大概知道在那兒」，也不要相信才是明智之舉。此時若能要她畫一張地圖給上司確認，那才是最安全的方法。

若覺得不知所云感到困惑時，集中精神聽取指示。

◉對於較易健忘的女職員在給予指示前先聲明「只說一遍」

有些女職員常常忘了吩咐過的事，以後又不停的問東問西。若嚴厲的說「不是教過妳了嗎？」她會吐吐舌頭不在乎地說「對不起，我忘記了」。

這不是她們的記憶力不好，而是因為她們心中存有一個念頭「若有不懂的地方再問就可以了」，所以對於上司的命令並不馬上將它記住，一會兒工夫就忘掉了。

對於這樣的女職員最好先聲明「只說一遍而已喔」，然後再給予指示。若想到日後不能重問，就會集中意識的聽，以便能早日完成工作。

◉管理女職員時，不要將首領地位和領導地位混淆

「我們這一課在三個月內要達到這些目標，希望大家都能為此全力以赴」，某日課長集合全部的部屬做了以上的訓話。從此以後課長叱罵部屬的聲音連日震響辦公室中，部屬們抱怨和不滿聲四起。但是在「妳敢違抗業務命令嗎？」的一聲令下，股長將大夥的工作士氣提高起來，總算三個月後將目標達成了。

此時，課長若自認為「我也有相當的領導地位」那就錯了。能將部屬的抱怨和不滿用業務命令一句話壓抑下來的原因，不是因為課長的領導地位，而是首領地位。很多管理者對此還認識不清。

首領地位是指握有組織上的地位或權力的管理者權限而言，若在這情形下來說應當算是課長權限了。部屬只不過是依從課長發佈業務命令的權力，實際推動集團的力量，正是發揮領導地位的股長。

女職員們所依從的，是因為首領地位呢？還是領導地位呢？管理者實在需要冷靜的想一想！土光敏夫先生有句名言「捨去權力，集中權威」。

◉ 女職員的工作也通用ＰＤＣＡ的原則

有人說美國式的經營方式中ＰＣ是上司的工作，只有Ｄ是部屬的工作。所謂的ＰＤＣＡ是指，Ｐ表plan（計劃），Ｄ表do（實行），Ｃ表check（檢查），Ａ表action（行動）。也就是說先立好所要達成目標的計劃，然後開始實行。再來，點檢是否依照計劃的結果完成工作了，若有差誤再次重新行動。一般也有人只說「plan do C」，但在三井銀行是採用ＰＤＣＡ的政策。

最近，美國摹倣日本經營的風氣很盛。美國式經營裡，使用頭腦勞心的是少數支配層的工作，使用手腳勞力的工作則是部屬和其他大多數人，將工作劃分得很清楚。和此比較下，日本的經營是全公司一起實施ＰＤＣＡ的方案。

若是你們不想動用頭腦也無所謂。反正只是動動手和腳的工作而已，在日本的公司裡若上司向部屬說這番話，一定會惹得部屬憤怒不已。倒不如，大家一起去實行，不僅如此也一起計畫、點檢，用這種方式還可以提高全公司職員的工作意願。

考慮管理女職員方法時，不妨考慮一下，女職員的工作也是適用ＰＤＣＡ的原則。模倣的時代結束了，在此迎接新知的時代，女職員的工作也需要ＰＤＣＡ了。

◉要女職員分組競賽時，事先決定一位領導者

有「二六二法則」的說法。觀察一個勁兒地搬運食物的蟻群，會發覺實際努力在工作的螞蟻有二成，正常工作態度的有六成，偷懶的有二成。這項比率也適用在人類團體工作時的情景，只是，不同的是，人類的團體中有領導者的存在。

自組的小圈子那就另當別論，但是，在工作時將女職員分組進行時，最好事先先決定一位領導者。若不如此做，性格不同的組成一組，則不能達到相互協力的體制；相反地，非常親密的一群組成一組，則無法提升分組工作的效果。

決定領導者的方法，若採「妳們自己商量決定吧」的方法，乍看好像很民主化，但是不適用在工作分組上。並不是每一個人皆可做領導者，需要有相當的資格才行。曾經聽過這樣的事，在某家公司有一位營業員，每天早上行一個禮後才進辦公室。這個舉動所帶來的就是影響其他的職員，公司的道德觀念一躍而上。

如此的模範職員對其他全體職員有著很大的影響力。像這樣的人若成為領導者，一定能使公司有所發展。

◉提拔女職員時，調整好組織的後盾體制

前面也曾提過，最近的女職員極度討厭從同期進公司的夥伴中，一個人受到特別的重視。不但討厭只有一個人接受到不同的工作，只有一個人受讚美也感到很為難。從某種意義來說，她們有「不標新立異，引人矚目」的強烈意識。

所以，因為她有能力而特別賞識提拔，那將會使這層關係崩潰，伙伴意識也開始動搖。同事們對這位被賞識的女職員劃了一線分界，認為「已經不再是伙伴了」，本人也覺得對於自己的突出感到難為情，不能自在的活動。

因為被認為「她的能力強，同事之間的信譽良好」而被提拔為領導者的女職員，有時會因為如此而有不能統率伙伴們的情形。

但是，為了避免這些紛擾而不任用有能力的女職員，那就太不合理了。即使是女性職員，只要是優秀的人材就必須重用，為了顧慮她們的人際關係，讓被提拔者周圍的人都能了解「為何被提拔了」，仔細地說明，以取得大夥們共同的協力。

◉交待工作給新進女職員，勿忘給予時間限制

當交待一件工作給新來的女職員時，總會有不少人要拖很長的時間才能完成它；這並非是工作很困難，也不是因為量太多，往往是因為缺少了「時間觀念」的關係。也就是說，因為少了何時必須完成它的壓迫感，所以拖拖拉拉的遲遲不能完成一件工作。

這和上司的指示方法有關係，「有空時做一下」「完成後拿來給我」，以上的說法就好像是在交待「照你的進度慢慢做吧！」「什麽時候弄好都沒關係的」。

為了讓女職員有「時間觀念」，首先要在交待工作時給予時間限制，其次有必要告訴她，若是不在時間內完成工作的話，那這份工作就毫無價值可言了。因此，每次交待給予新進職員時，具體地指示期限，如「今天做完了再回家喔！」「明天中午之前要交卷」等，比較會收到預期的效果。

養成了配合時間限制完成工作的習慣之後，不但能培養「時間觀念」，也能自己管理工作進度而不浪費時間了。

◉要求女職員機靈，在下達命令時多加說明為何希望她如此做

前些日子，從客戶那裡聽說了一件事，某主管交一袋文件給一位女職員，要她馬上送到總公司。「馬上出發，坐計程車去吧！」但是一小時後，總公司打電話來催，又過了三十分後，再度來電表示尚未到達總公司，終於在經過了大約二個多小時以後，才連絡已到達了。氣急敗壞的主管，當那名女職員回分公司後馬上加以責罵，但是，她卻以不服氣的口吻回答「路上塞車，我也沒辦法。」

上司的常識裡「坐計程車去」就是意味著「快一點去」的意思吧！所以或許想要大聲叱責「若是塞車不是可以換搭地下鐵嗎？」但是，在女職員的頭腦中似乎是以上司的話「坐計程車去」為目的。若是上司能加一句「因為想儘快的送到」那是最恰當不過了。

因為不能了解命令的目的何在，所以不能想出其他應付狀況的方法，這種現象在女職員中常會發生，尤其是新來的職員，對於上司的命令只顧著點頭，根本沒有時間去體會他的目的。因此預想會有狀況變化時，務必多說一句話加以說明如此做法的理由。

◉為了不忘所指示、命令的工作，可將它複寫備忘留存下來

某ＯＡ機器製造公司，對於課長級的主管在一天之中做過多少口頭上的指示、命令，做了一項調查，結果根據統計最少十次，最多高達三百次，平均約有五十次左右。此項調查對象是證券公司。由此，我們了解主管的工作中，下達命令及指示是如何的繁多。

光是每天不停反覆的指示、命令，有時也會發生下達命令的本人將內容給遺忘了的事情。尤其是對女職員日常業務的瑣碎指示等，常常將它遺忘了；當聽到「課長您交待的事，已照指示辦好了」的報告時，一副「嗯？什麼事呢？」的表情，真令部屬進退兩難。若是女職員的話，心想「反正課長一點也不重視我所做的事」，可能會引起意想不到的意志消沈。

為了不要讓這種事發生，介紹一個秘訣給大家。為了防止忘了指示、命令過的事，可將它複寫備忘留下來。兩枚紙張中放一張複寫紙，將指示、命令的內容簡單扼要記載一下，然後撕一張給對方，自己留一張。如此不但能防止忘了所下達的指示、命令，也能核對女職員是否遺漏了什麼事。

◉當給予新進的女職員一項任務時，務必要求將指示記錄下來

指示「這些文件各影印三十五張」，但是印好之後卻只有二十五張，如此的情形時常發生。雖然是個簡單的指示內容，但常常會出乎意外的傳達錯誤。各位都知道「傳情報」的遊戲吧？將一句話用附耳的方式傳給隔壁的人，一位接一位的傳遞下去，傳到最後一人時，看看他所聽到的話和第一位所傳的話是否相同——從這個遊戲中我們可以了解「傳達」這項工作不是一件容易的事。因為這是「簡單的內容」所以傳達指示與被傳達指示者皆疏忽大意，就會發生開頭所提的例子事件。

即使是一件簡單的指示，為了使新手不含糊地接受它，要養成一被叫到名字之後，一定隨手帶本備忘簿和鉛筆的習慣。新進職員既不機靈也沒有聯想力，所以更需要這樣的習慣。剛開始就訓練記錄備忘簿，重複說明指示內容比較會達到效率。

對於常有機會將傳言由A課傳到B課，C課長傳到D總經理的新來女職員，尤其需要徹底實行。

◉善於聽旁人講話的上司左右，培育出善於報告的女職員

不善於有條理說話方式的女職員，前章中已詳述過，可教導她從結論的地方先說起；另外還有一個有效的指導方法，即是讓上司成為善於聽旁人講話的人。

根據我們的經驗，善於聽旁人講話的上司手底下，容易培育出能正確地做業務報告的女職員；相反的，連桌上的文件也沒過目，就嘰哩呱啦地回答一些曖昧不清的女職員的報告，也能聽得不亦樂乎的上司手下，只會產生不善於報告的女職員。還有一些會打斷客人談話壞習慣的業主手下，不知為何連女職員也變成不能聽完別人說話，所以，女職員的說話方式受上司的影響很大。

辦公室中善於聽旁人講話的用處，不只是和女職員關係的單方通行，而是製造雙向的關係。是否能建立這個雙向關係，在女職員教育上是非常重要的一點。

善於聽他人講話的上司部屬能有所發展也是因為這個緣故。善於聽人講話，在點頭聽報告的同時，也打開了部屬的心胸。任何人都對熱心地聽自己說話的人抱著好感，當輪到自己聽別人說話時，也應該傾聽他人說話吧！

◉為了改正女性特有的冗長報告，讓她做會議記錄最有效

「女職員的話實在太長了，結果在說些什麼都不知道」「女職員的報告都小題大做沒有什麼意思，所以只裝著有在聽就可以了」常從中間主管級的口中聽到以上的話。

的確，女職員們的報告，主語述語混淆不清，常常抓不著重點。其原因是，本人的頭腦中，沒有好好地將內容整理過濾一番。

為了讓女職員取得報告的要領，最有效的方法是讓她做會議記錄。利用女職員參加課內會議等的機會讓她們輪流擔當記錄人員。

例如「今天的會議是下午一點開始，請遵守時間，會議記錄是〇〇〇小姐，不需要寫得很漂亮，只要將重點詳細的寫出即可」，在大家面前做一番預告。如此就會比別人緊張的留意開會過程，注意聽別人說話，把握住要點。這份記錄在會議之後，若上司或前輩們能回覽一遍加以評語，一定更有效果。

或是告訴她此份會議記錄對於日後的會議或實行工作時，會成為如何貴重之資料的理由，就可以讓她了解正確地整理要點的責任之重大了，可謂是一石二鳥之計。

◉增進電話禮貌，用自我核對單及公司內示範方式，比較有效

到職當時的緊張感，日久會漸漸消退的就是電話禮貌。職前研習時，雖然從基本學習過，但因為是日常的工作，太習慣了，所以常被疏忽。然而隨著辦公室的自動化，接聽電話的重要性更形增加了。

在我們公司，因為辦公室自動化的結果，除了大型的分行外，都沒有設專人擔任電話接線的工作。很多分行，都是全體行員，擔任電話接線的工作，所以過去不接電話的人，到現在已增加很多接聽電話的機會，對顧客來說，過去能和櫃台窗口的人直接交談，現在改由機械替代，所以電話變成顧客要把自己的存在告示銀行的唯一手段。

在這種情況下，增進接聽電話的禮貌，在辦公室自動化的今天，更需要積極推動。所以我們全分行以接聽電話為項目，專案展開三個月的「清爽電話運動」，徹底改善接聽電話的禮貌。

具體方法就是，製訂接聽電話的基本禮貌自我核對單，使每一個接聽電話的人，能

很多分行都是全體行員，擔任電話接線的工作。

夠自己查核、評價。並收集資料，用QC方法（問題解決技術方法），由小組互相檢討，提出具體解決方案。

其間也實施示範演練，逐次把握成果。

依我們的經驗，示範演練由內部特定的人擔任，比較有效果。如果由外界的人來擔任，要查核接聽電話禮貌的應答內容，無法一律相同，評價也容易偏於主觀。

示範演練的結果一定要留存資料，提出這些資料，去說服年輕女職員最有效。只以口頭提醒，她們都會回答「我們都照規矩做」。提示客觀的資料，她們才會坦率承認自己的缺點。

讓她們參加電信局和電話用戶協會每年舉辦的「接聽電話比賽」，放映教育錄音帶，也會刺激，增進禮貌。

◉要讓女職員寫正確文章，不許他們平時講話用不客氣的語句

到職三個月內，三井銀行讓他們每日在連絡簿，記錄當天之所學，上司要看所有連絡簿。有很多女職員，不在乎他們所寫不成文章的報告；有些人，將女性特有的講話都照樣寫上。

此時，有些上司會以「最近的年輕人很傷腦筋，文章很差，可是現在都用電腦或打字機，所以還能夠應付」。因而放棄對她們的期待，這種上司實在要不得。

要教她們寫文章的基礎，首先要禁止她們平時講話用不客氣的語句。並遵守工作上的節制，嚴肅而有規律。在連絡或報告上使用的用語，要養成習慣，每一句要符合理論，明確地記錄。這樣才會使她們的文章把握要點，明確使用敬語，主詞等。

最近有一些男主管，怕被女職員認為趕不上時代，他們自動用流行語與她們說話。如果是這樣，就要養成上司自己否定了正確的用語。

◉具體舉名做為示範，比一百個說明有效

要對新進女職員教育儀容言談的基本教養，舉優秀前輩做為示範，會比以口頭說明容易懂。

例如，到職第四年的S小姐是接近理想女職員的典型，儀容經常清潔整齊、表情明朗、講話明瞭、守時、不遲到、起坐行動活潑、對同事或晚輩都融洽相處……。

就是說，以S小姐為示範比任何說明更具體，是活生生的教材。所以用「像S小姐的儀容最佳」去教，比用「服裝要簡單，容易活動，頭髮要梳理好不可給人不潔感，化粧不可過濃……」的一一囉嗦說明容易懂。乾脆說「向S小姐學習」一句話，可將女職員應有的形象，調教出來。

女職員如將她與同期進來的同事，或年紀相近的前輩比較，她們都會反駁。但對自己欽慕，年紀大三歲左右的人，則不會有此情形。因為她們自己有強烈的景仰心，所以如有適當的理想女職員，可利用為示範之例，更有效果。

◉准予私事離席時，要限定時間

聽說，最近企業主管傷腦筋的問題之一，是女職員私事太多。「要去看牙醫」或者「要為朋友送東西過去」等等，上班時間中，任何一個工作場所，都常有女職員因私事而離席。對這種女職員，要准予私事離席時一定要限定時間。

如「只准半個小時」限定所准的時間，以強化在上班時間內准予三十分辦私事是不對的意識。

私事常常會拖延，所以，如果意識明瞭，她會設法努力於所准時間內回來。若不能於所准時間內回來，她也會以電話連絡。

上司知道她會回來的時間，就能安排回來以後的工作，遇到緊急事情，也能把握。顧客來電話，如不知她何時會回來，在辦公室的同事，就無法回答顧客。當事人不在，若能明確回答「她三點半會回來」，就能將對工作的影響，減少到最低限度。

◉說明笑容就是公司的代表者，來教女職員笑容的重要性

「少額存款，也希望對方親切接待」、「雖非主辦人，希望不要漠不關心」、「不要以服裝看人，做差別待遇」、「提款時，也希望對方親切接待」。這是三井銀行參考儲蓄增強中央委員所做『有關儲蓄的輿論調查』，調查出來的結果，從顧客所得的意見。這對銀行櫃台窗口小姐，極具參考價值。尤其，與人接觸的機會較多的女職員，可一目瞭然，了解顧客眼中「所期待的女職員形象」是什麼？

這些問題，都能由接待顧客的女職員笑容去解決。可是只以「保持笑容」去指導她們不會見效。每一個人的笑容，對公司會有何種用處？不讓她們有具體的認識，她們不會有笑容。

三井銀行用「妳以笑容迎接顧客，等於是『三井銀行』的微笑。如果妳的臉是後娘臉，那麼『三井銀行』就是後娘臉。妳就是三井銀行的代表」去教育女職員。

◉佩帶名牌，更易增進禮貌

「單獨一個一個的日本人，是禮貌而親切的，但由個人組成團體時，性格會變」。這是美國的文化人類學者對日本人的評語。我們研習禮貌時，會有相同的感覺。

以很有禮貌的態度，接受工作上禮貌研習的女職員，在休息時間，結伴走出教室，就將剛才在教室所學的禮貌忘得一乾二淨。她們排成一橫列，在走廊上邊走邊大聲雜談；遇到上司也不打招呼。

日本人在許多人聚集在一起的情況下，遵守禮貌的程度，好像極端低落。

佩帶名牌，能防止這種集團心理。在胸前佩帶寫上自己名字的名牌，即使在團體中也容易識別，而且佩帶名牌的人本身也會較注意。

名牌在團體中，會發生個人意識的作用，這種自我意識使團體中的人，不敢做出難為情的事，這對增進禮貌有幫助。etiguett（禮貌）的法語語源，就是從「牌」這個字來，名牌也是牌的一種。

◉前輩女職員教育新進女職員禮貌，該前輩的禮貌也會增進

接近新進人員要到職的季節，前年進來的女職員，心情會不平靜，對自己說「從此不能任意了」，要迎接新鮮人的前輩女職員的心情好像很複雜。

新人會集大家的關心於一身，大家會體貼她，前輩也許會有寂寞感及不耐煩。交代這種前輩女職員，去教育新人的禮貌，會有意想不到的效果，既然要委任她辦，上司要明確指示「妳的任務是作某某工作，及教育新人○○小姐的禮貌」。前輩女職員，經上司如此正式交代，就不會視新人為不耐煩的對象，而認為是自己的學生。

前輩會將她自己在公司所學的有關禮貌知識和技術，統統教學生，也會注意新人的一舉一動，並答覆一切詢問。此時，她會發現自己站在教人的立場，而禮貌知識及技術卻如此單薄。交代前輩女職員去教育新人禮貌的用意即在此。要增進前輩女職員的禮貌，讓她擔任教育新人的禮貌，也是一種手段。

◉給女職員的工作及教材，要限制於最少限度

東京大學教授，在報紙上發表最近東京大學學生的弱點是，只以紙上測驗鍛鍊頭腦，所以缺少創意與竅門，回想自己公司的年輕員工，相信有很多主管都會同意該教授的看法。

企業裡年輕員工不用自己的腦筋去思考的原因，有人認為是公司給予過多的教材。這些事讓她們知道比較好；那些事，也讓她們記起比較好，就這樣將希望她們記起來的事，逐項編成教材，馬上就成為幾本教材。

接到這些教材的年輕員工，只看教材就無法顧及其他。他們認為等遇到問題再去查教材就好，他們不用自己的思考。

尤其給女職員的教材，供給過剩，是一大弊害，給予過多的教材，只會讓她們分心而無益。女職員的工作，都是日常照例的瑣碎工作，連這樣的工作都用教材，越讓她們不用腦筋。「記起來比較好」的事，不要編為教材，只將「必須要記起來」的事，編為教材即可。

◉新進公司時，要給單獨一個人也能進修訓練的工具

　　現在已經是老油條的主管，回想自己剛到職時，所有的期待與不安，交織成一股特殊的感覺，當時心裡焦急，希望早日勝任工作，但實際上卻不知道如何進行。所以向上司，問東問西。但，上司好像都很忙，只能給些無關緊要的回答。無可奈何之餘只有面對桌子閒坐著，因此被忙碌的前輩同事，冷眼相待。

　　剛到職時，曾經有過這種經驗的主管，當新進女職員有問題時，很多人都只好叫她們「看教材」了事，但缺乏經驗的新職員，常常看不懂教材所寫的。上司認為看過教材，已經懂了，所以交代工作，其實她們完全沒有理解教材所寫。

　　所以，除了一般員工要使用的教材以外，還要製作一個要領手冊，可以作為個人研習之用。工作要領手冊，設計成能自己核對自己工作的優劣為佳。將它交給新進員工作為自修的工具，就不會看到無所事事的新人。

◉不僅以口傳法教女職員工作，亦可試用卡片、基準表等

以第六感和經驗，教女職員工作的時代已經過去了，現在女職員們站在技術革新的前端。在辦公室購進個人電腦，或者電腦語言打字機時，她們是最先被要求練習使用的人。

女職員所使用的工具，也由紙、筆、尺等等，變為個人電腦、電腦語言打字機、傳真機等等。工作範圍也由單純的傳票處理或者記帳，進為多樣化，多功能的各項大量情報處理與管理。今後要求女職員的就是所謂全能選手的機能。

此時，以古老的知識用口頭傳授女職員，做同樣工作的時代已經過去了。現在利用工作基準表，或者卡片，使她們自己逐項核對，具體地確認學了多少，效率比較好，尤其在工作範圍擴大中，每一項工作都要逐項查核，確認其達成率。如果完成了一件工作，她們也能有達成目標的滿足感。

在情報革命的企業社會，像專業技術工人的口傳教育，已不適用。

◉ 無論任何細微的過失，都不可以因為「還年輕」而寬容

常常會看到不少主管，用「因為還年輕，這種小事可以原諒」，去默認年輕女職員的過失；可是若想徹底教育，這種寬容是無意義的。相反的，「因為年輕」所以連小過失也不可放過。

有傳統的名門企業，從新人到資深的女職員，都有貫徹的用語及禮貌的教育。對新人也沒有例外，既然到職，都要遵守工作場所的傳統，這種緊張的氣氛，充滿整個工作場所。

在這種氣氛裡，應遵守的禮儀與禮貌，會有前輩傳給新人繼承下去。使女職員們，置身於工作場所的好傳統及慣例中，讓她們自自然然體會禮貌，是教育她們最有效的方法。

混在前輩中，年輕新到職的女職員，有太多不知道的事，因為要學習的多，所以體會的機會也希望愈多愈好。要融和於好的傳統，最好以白紙的狀態接受訓練。說「還年輕」而放過過失，或視為例外，就是上司故意放棄寶貴的教育機會。

◉對女職員不說「妳們女職員」，要說「我們全體員工」

美國總統，故J・F甘迺迪在總統就職時的名演講，有一句話是「不要問國家為自己做了什麼，而要問自己為國家做了些什麼？」把國家換為公司，主管可在朝會的講話中使用。但好不容易學來的名演講，假如公司和自己沒有一體感，雖然講也不會在聽者心內引起共鳴。

因工作內容而將男女職員完全分開配置的組織裡，容易缺乏自覺性，認為自己只是組織裡的一個女職員，沒有組織感覺的女職員，不知道在整個公司裡，自己所負的任務。所以不知道自己的失敗會帶給公司損失；相反的也不知道自己的努力會產生公司的利益。

要培養女職員對組織的感覺，平時主管人員的用語，負有相當大的責任。用「妳們女職員」或者「女孩子總是……」的講法，不會養成她們對組織的感覺。只能增加公司對自己，公司對女職員的疏離感。要造成身為組織一份子的自覺，要用「我們」去講公司或者課內的事，並使其成為習慣。

女職員會說「我們的公司」，也是表現戰鬥力的一種。

◉讓年輕的女職員去編製有關教養的教材

有關教養的教材及指導書，多數都由年紀大的主辦教育人員來做，因此，有時會成為學校公民教科書；將教材交給女職員，叫她們遵守，她們也會遵守去做。但教育的目的，不在遵守教材，而是要讓她們知道，為何要這樣做，是讓她們以自己的意志去行動為目的。

因此，在辦公室自動化的時代，讓女職員自己去作，教育年輕女職員的教材，也是一個好的方法。她們可能會依照新的辦公潮流而編製實用教材；職業上的禮貌與泡茶或插花的禮節不同，它會隨著企業環境的變化而改變，對辦公室自動化最有實感的是現場女職員。

在三井銀行，女職員的領導者集在一起，對工作管理，指導晚輩等等，面對實際問題，提出研討；對共同問題，她們自己討論，而找出對策。這些對策都是從她們在現場的體驗產生，其中很多都可當做很好的教材。

◉女職員教育，不要用一百分滿分主義，寧可採用六十分主義

女職員發牢騷，或者意志消沈的原因，大多數不是工作的嚴厲與困難。相反，因為經常容易得到一百分滿分，無法發揮實力，不能嘗受達成目標的滿足感，而大感失望。不錯，很多主管都只將容易獲得一百分滿分，且不必擔心失敗的工作，交給女職員去做。但，經常接到這種工作，她們很快會陷入老套。一定會抱著疏離感，認為「我沒有受到期待」而喪失幹勁。

為提高女職員的士氣，要採用六十分主義，先視現在的能力，任命預測可得六十分的工作。此時，女職員如果躊躇後退，要以「妳如果認為可得六十分就去試。不是誰經常能得一百分的」，去鼓勵她們。

對上司交代的工作，使盡全力，結果假如只得六十分，她們也會比平時的一百分感到滿足，為報答上司的期待，下次會對七十分，八十分挑戰。這種向上心，會改變對所有工作的積極態度。

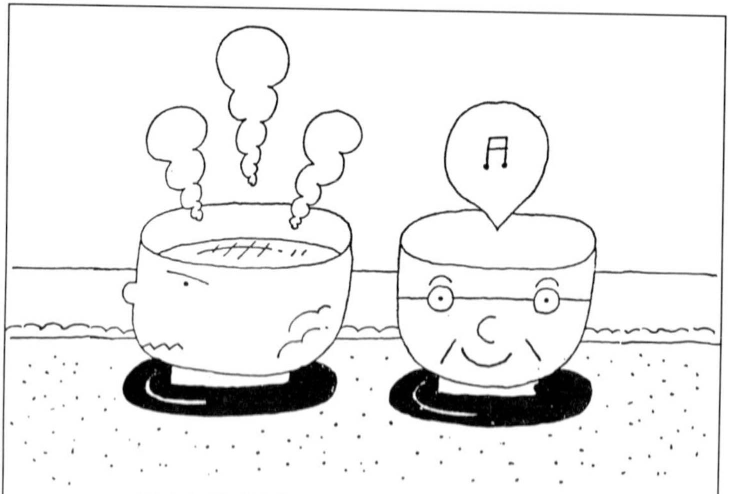

看客人剩下的茶量，可知道泡的茶味道如何。

◉女職員為顧客所泡的茶，濃淡可由顧客所剩下的量觀察

不知道茶的濃淡，過濃的會苦，過淡的雖然有色，但無味。女職員常會為顧客泡這樣的茶。

這種女職員，由上司嘮叨，不如由泡茶的人自己去收拾客人沒喝完的茶，看客人剩下的量，可以知道自己所泡的味道如何。

看到剩下半杯以上，可以推測「不好喝」，以自己的眼睛去確認失敗，下次就會自動斟酌，了解茶的味道。

◉ 將公司的運動會或表演，任由女職員去做會有相當大的效果

為消除女職員平時不滿，例如：「只擔任輔助工作」「都做同樣工作，沒有意思」的抱怨，有非常好的方法去啟發她們的潛在能力。即是將公司內的運動會或者表演活動，從企畫階段就全部交給她們去做。

這是大丸百貨公司東京店的做法。大丸東京店為啟發女性的能力，將一九八〇年的年終大廉價販賣，任由現場所有女職員去做，女職員們，從零出發，用功企畫，而想出男性無法想像獨一無二的成功大廉價販賣活動。以後，每年只換了主辦的小組，至今仍繼續由女職員負責。

不限於大廉價販賣活動，一個演出，從參與企畫的過程，透過工作執行，都有一貫的流程，將公司內的演出活動交給女職員去企畫及執行，不但可使女職員的心情復甦，也是讓她們以身體認，平時交給自己的工作，在整個業務流程中所負之職責的最好機會。

三井銀行也將研究圈的發表會及運動會等等演出活動的大部份，從企畫階段就以女職員間的領導者為中心，一任女職員去做。

◉依女職員「工作的動機」，考慮管理教育

男職員把就業視為當然的事，對「工作的動機」沒有問題。但忽略女職員有關「工作的動機」，會招來無謂的失敗。

根據就職情報中心調查「職業婦女想什麼」，女職員「工作的動機」前五項是①生活費，②休閒遊樂活動和自己興趣的資金，③活用自己的能力，④增加知識及見聞，⑤建立社會關係。同是女職員，都有這麼多不同的工作動機。

所以，對「想得休閒遊樂活動和自己興趣的資金」為目的而上班的女職員，可經常叫她加班。反之，對「想活用自己的能力」的女職員，只叫她做倒茶的工作，會使她們認為「我的上司，完全不了解我」，而在上司不注意的地方，產生反駁的行為。

「因人而異，依其就業目的，給予工作」是主管的鐵則，尤其對女職員，要先掌握她真正的「工作目的」，這是造就女職員戰鬥力的最佳捷徑。

◉明確的分別第一年與第二年的工作

迎接新到職的第一年女職員後，包含她的上司在內，周圍的人，不知不覺中，都會將關心集中在第一年女職員身上，這對第二年女職員，心中是不平穩的。她們會以為自己的任務已經結束，對工作沒有精神，減退向上心，所有的只是不滿。

遇到這種情形，最好將第一年與第二年的工作內容，明確區別。例如，第一年的人只做信件繕寫，讓第二年的人自己研擬文稿內容，第二年的人不參加開會，讓第一年的人出席會議。

第一年職員給予較難的工作。在第二年女職員心中就不會產生被輕視的安心感，也會有被上司肯定的滿足感。有了安心與滿足，第二年女職員的心會安定下來，並會有冷靜思考自己立場的餘暇，她們會自己知道自己已經不是新人。如果，與過去一樣做同樣的事，馬上會被新人趕上，她們不會想，要學習更多的新工作，顯示與新人不同的能力——這種自覺，就是第二年女職員成長的原動力。

不可用罵，叫她重新來效果會更好。

◉教棘手的商業文件時，不要用罵，要叫她重新來

中級主管在忙碌的日常工作中，一向無法誠懇親切地教導女職員。所以，交代做商業文件時，做的不好，會以「已經夠了」一句話，責備她們。但對女職員，越棘手的越不可放棄，最好叫她重新做好。

不然，一直會擁有一知半解的部屬，無法期待工作效率的向上。棘手的工作做不好，要叫她重新做好，能讓部屬發揮能力的主管，才會在爭取時間上獲勝。

◉在小集團活動中，利用「多嘴」的女職員發言，會有意外的效果

優點與缺點，是表裡關係，女職員的「多嘴」，有時會變為優點，上班時間中聊天閒談不是好事。但，在品管圈等小組活動中踴躍發言，卻會受上司歡迎。被沈默支配的品管圈會議，最沒有意思，為防止會議中的沈默，可多多利用「多嘴」的女職員。女職員不著邊際的談話，如果給予主題與方向，會發揮想不到的威力，這可能是女性的創意，多在講話中產生的原因。她們在講話中，會繼續湧出富有創意的看法及想法，對她們的創意，再稍加潤飾，使其具體化，就會有不少可充分實用的品質改善案。

實際上，三井銀行的品管圈活動中，由於女職員的發言，產生很多優秀的提案，而對優秀提案，沒有董事長獎，或者優秀提案獎勵。從她們的品管圈小組名稱看，也能感覺到，她們能輕鬆發言的氣氛。她們的品管圈名稱有「微笑六」、「史奴比」、「樂婦人」、「六鈴鈴」等。

女職員的「多嘴」不要只加予封殺，如運用於小集團活動，會頗具功效。

第五章

建立信賴關係的訣竅

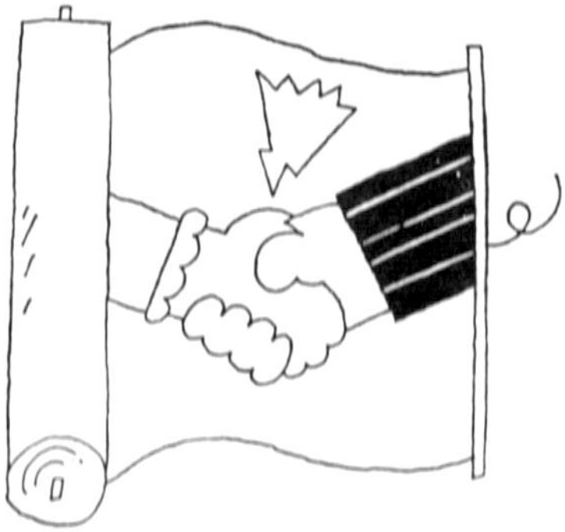

◎想掌握女職員的「集團構成」，不能只看她們年資

有三個人在一起，就會有派別，老實說，男性主管很想知道女職員的「集團構成」。此時要注意的是，判斷她們的「集團構成」時，主管常常把資深女職員放在新進女職員之上，這種想法已不適合實情。

以前，女職員的集團是前輩比晚輩，無論在工作的量或質上都較能勝任，所以是依工作的掌握程度所構成。

但現在如以工作的把握程度來講，可以說已經沒有前輩晚輩之分。現在辦公室的業務，受自動化的影響，極端地說，變化很大，今天的工作方法已不能在明天也通用。能善用最新電腦，到職一年的新進職員比到職已經三年，卻沒有接觸過最新機器的前輩職員，更能運用自如。想對晚輩的工作插嘴根本不可能；這種技術革新的潮流，已大大改變了女職員的集團構成，過去以年紀大者為領導者的時代已經不存在了。

對女職員的勢力分析，如不透視變化就會看錯。

「無法了解女人」，證明自己的無能。

◉「無法了解女人」這一句話，只不過是證明自己的無能

「完全無法了解女人」。在不聽話的女職員，或者講了好幾次仍不懂的女職員面前，你有沒有說過這種話的經驗，你如果說過，等於投降並說「我沒有管理你們的能力」。不了解是應該的，因為不了解，所以需要想對策，這是主管的任務。

對方是男職員，也有許多無法了解的地方，對男職員有時也許會感到「他的想法，無法苟同」。對女職員不許因為不了解而放棄，不管她們。

◉只對特定的女職員以綽號暱稱，會成為不和諧糾紛原因

「甜蜜，不好意思，給我倒茶」、「阿花，把這個給我送去總務課」。常常看到男職員以這種綽號暱稱叫女職員，以綽號暱稱叫年輕女職員，比較容易開口，也容易拜託她們。

但，因為綽號暱稱，是含有親密感的表現，所以特別要小心。如果只對特定的女職員，以綽號暱稱稱呼，別的女職員會以為「股長只疼愛她」或「課長對她講話那麼親密，而對我冷淡」，她們會感到自己被冷落。終將成為意想不到之不和諧糾紛的原因。

這種問題只要表面上改變暱稱即能化解，但事實並不如想像的簡單。平常被暱稱「甜蜜」習慣的她，某天你突然改稱「×小姐」時，她一定有些不舒服，以爲你疏離了她。因此，在職場上對女職員均以「×小姐」稱之，不可叫她的暱稱，以免產生無謂的紛爭。

◉如有被排除同桌用餐的女職員，要早追踪處置

午餐時間是女職員就業生活中不可欠缺的重要交流時間，但有時會發現，單獨一個人用餐，或者餐後不與同事談笑的女職員。

雖然不是被周圍的人趕走的不受歡迎的「村八分」（在村裡犯村規，被趕出村，不受歡迎的叫「村八分」），但上述情況若繼續下去，就像「用餐八分」被同事拒絕，被趕出餐桌一樣。如果有「用餐八分」的女職員，需要細心觀察她的言行，以及其他女同事的態度和服務單位全體的氣氛，而速予處理。

沒有人約她一起去午餐，同事不找她，就是該女職員孤立的證據。本來是歡樂的午餐，是不是就是她最孤獨的時間。

她，強烈地感受到被冷落，一定會無心工作。女職員間的不和睦，也許會發展成為服務單位全體的不和諧，離群用餐的孤癖，可能不只在午餐時間，在其他場合也會出現。

◉對孤立的女職員，上司要直接找她講話

不與別的女同事閒談，午餐和下班也都單獨一個人……。這種女職員的孤立，比前述男職員的孤立，事態更深刻嚴重。

如果是男職員，也許可以用開會討論，或編進小組裡，讓他與周圍同事融洽在一起。但女職員工作上的聯繫比較弱，一旦孤立，愈會加深她的冷落感，工作士氣也會減退。

發現孤立的女職員時，上司若能積極自動找她講話，會有效果。什麼話題都好，總是要有較多與她講話的機會，表示對她的關心。上司對她說話，她會像獲得百萬援軍似的。

上司只表示關心她，她就會大大滿足而對自己有自信，為答謝上司對自己的關心，她會提起精神工作。由於對自己有自信，她心胸會開朗，如此一來，她就不會自願於孤立狀態，另外也可交代別的女同事注意解決。但孤立不是靠周圍的人就可解決的問題，而仍需要自己努力解消為宜。

◉禁止對女職員開口說「只對妳說……」

「女性經不起『只對妳說』這一句話」。有些主管會這樣想，但是這句話會惹起女性「如果是你」的心情，女性心裡有「女性，經常渴望，被特定男人選定為自己是與別人不一樣的女人」的念頭，所以男人誤想，用只對妳講來說服女性會有效。

一對一的男女間交際，用這種技巧，也許有效。但在有兩個以上的女職員一起工作的地方，最好不要用這種口頭禪，因為「只對妳講不會是只對妳」。

在工作場所內女同事之間的信賴關係，比男性上司所想像的要強得多。上司對A小姐雖然講「只對妳說」的事情，從A小姐來說，只留在自己心內，會違反對同事B小姐的信義。

女職員對橫的關係，比直的關係重視，所以A小姐的事會傳給B小姐，更由B小姐傳到C小姐。結果，只剩下主管一個人想，只對妳講，只是妳。自以為用心安排得很好，結果反而可能會被女職員視為威脅女同事間之團結，而失敗。

◉女同事間，若發生糾紛，上司要徹底擔任聽者

女同事之間，發生糾紛，多在上司看不到的地方發生，而且是工作上的糾紛和私人感情，混合在一起，上司要干涉的程度，很難決定。但如果放任不管，可能會破壞公司內的和諧，所以不能以「不了解女人的吵架」而置之不理。

如果，感覺到似有糾紛的氣氛，上司需要迅速查明原因。此時，上司最好不要多嘴，只聽雙方說明為宜。

上司若聽片面之詞，而下判斷，糾紛的當事人會只提起對自己有利的部份，做為攻擊對方的資料，假如被傳出「課長也說了解我的心情」。另一方一定不會緘默。甚至會認為「那麼，課長以為我不對嗎？」而被牽連進去，糾紛必由此上升。

女同事的糾紛，可以會同上司雙方將各自想說的說完，就可解消，上司不要加予評判，只做聽者，才不會火上加油，這是上上之策。

要邀請全體女性職員。

◎下班後約女職員，不可限於特定集團，要邀請全員

下班後，上司有時可邀請女職員們，一起去吃飯或喝一點酒。但經常邀請特定的幾個，都會發生問題。

下班後雖然是私人時間，但既然與部屬相處，需要考慮做上司的立場。經常只邀請特定的部屬，對其他部屬就產生了差別待遇。

最好以「星期五晚上，大家一起來暢飲」向全體部屬宣布，或「今天晚上請所有女同事吃飯，方便的人請都參加」。用不強迫的語氣，向所有的人招呼。

◉女職員聊天時的謠言，常常起因於上司無意中的發牢騷

「明年，也許我已經不在這裡」，像開玩笑，也像發牢騷，在酒席上常聽上司突然這樣說。講這種話，本人可能是開玩笑，或者對部屬撒嬌，但對聽到這種話的女職員來說，這是一個大情報，所以要小心。

上司無意中所講的話，會在女職員心中擴大，產生意想不到的影響。尤其有關上司進退的事，女職員更認為是個嚴重的問題。

女職員希望投緣的上司，永遠擔任自己的上司，不想和討厭的上司一起工作，這種心情比男職員強烈，對有這種心情的女職員，那些話會立刻像吹風似的傳播到全公司內。

特別是有關人事問題的上司隨便發言，會招來意想不到的重大結果。這種情報在女職員傳播的途中，傳到顧客或者競爭對手的耳裡，可能會招來阻礙工作的情形，所以與女職員相處時，這種發言是禁忌。

◉脫離女職員的上司，學習管理的手段，也沒有用

被女職員誤會，犯了重大「背信行為」的時候，上司會被大衆所遺棄。這是當女職員向你求助，有事商量時，你的處理不當或有錯誤時，最容易發生的事，一定要注意。

女職員求助，找你商量事情，常常含有微妙的私人問題。此時，需要詳細聽她講話，然後給她適當的建議，但取捨、解決，還是由她本人去做比較好。譬如說，上司對公司內的戀愛問題，過於深入干涉，會有意想不到的反作用。當上司發覺不妙時，自己已被全體隔絕、孤立了。

一般來說，被女職員排斥的上司，以忽略女職員的動向，不了解女性的上司比較多。平時就經常招呼女職員，掌握她們的現況，明確設定教育目標的主管，比較不會被大家孤立起來。

如果被女職員排斥，即使努力學習管理技術也沒有用，就好像將馬匹帶到河邊，卻無法讓牠喝水一樣。沒有人與人之間的相互信賴，部屬也提不起士氣。

◉不說同事背後話的上司，會給女職員無限的安心感

「和妳同期進來的○○小姐，她不行，無法勝任工作，老愛強詞奪理，態度傲慢，她平時也這樣嗎？」

「真為○○小姐傷腦筋，雖然知道她做事認真，但總是拖泥帶水，我也不能直接對她本人講，妳有沒有辦法……」你曾在女職員面前，對不在場的女職員發過牢騷嗎？上司雖然自己以為是發牢騷，但聽在女職員的耳裡卻會認為是背地裡罵人，而猜想不知道自己在背後也被說些什麼，她們會不安，這種不安的感覺，會變為對上司的不信任感。

想獲得女職員的信賴，就不可在女職員面前講別人的背後話，講別人背後話的上司，會使部屬不安。相反地，從不講別人背後話的上司，會給部屬無限的安心感，這種安心感會變成信賴。

講人家的背後話，會使別人也講你的背後話。所以會說部屬背後話的上司，也會使部屬在背後批評他。說他人背後話的上司，在私底下一定也被部屬批評得一文不名。

◉不限於卡拉ＯＫ，有時也帶她們到女性喜歡去的地方

下班後的酒席，已成為日本企業界重要的溝通場所。不但帶男同事，有時也許會帶女職員一起去。此時，如果一如往例的帶她們經常去的幾家，會使人不知所措。

男人往往會自以為是的，把對方帶到自己的世界去，在自己常去熟識的卡拉ＯＫ高歌幾曲，以為別人也和自己一樣高興。喝下酒就忘了一切，不顧慮女職員想早一點回家的心情，帶她們連續去兩三家，對女職員來說，因為對方是上司，所以無法明確地拒絕，其實都是沒有興趣。

下班後要約女職員時，要先打聽女性風評好的餐廳，並徵求她們的意見，「不妨到妳們喜歡去的地方去看看如何？」最近年輕小姐，好像喜歡去能享受豪華氣氛的餐廳，或有別緻氣氛的酒吧。

這種小小的關懷，在獲得女職員信賴上，會發生意想不到的效果。

◉對女職員不要叫「妳」，儘量叫她的名字「○小姐」

很多上司叫女職員時，用「喂，妳」稱呼，甚至有的還會說「喂，在那邊的女孩」，上司最好了解，用這種稱呼叫女職員時，她們的抗拒心相當強烈。

「到職已經半年了，但課長至今還沒有記下我的名字，我的存在根本無所謂」「女孩、女孩，每次都這樣……為何常叫我……」。

難怪她們會這樣想，不錯，「喂，妳」的稱呼含有「誰都一樣，目前由妳來」的意思。

沒名沒姓的亂喊，即使你有「因為是妳，才拜託妳」、「妳一定會」的想法，也是行不通的。

要讓女職員對工作有精神和責任感，在稱呼她們的時候，叫她的名字「○小姐」，是最低限度的條件。「○小姐，請幫忙一下」「○小姐，這件事希望由妳來辦」，這樣命令下去，她一定會想「這是我的工作，要好好做」。

◉與女職員之間的信賴關係，建立於什麼事都可商量的人際關係

善於教育女職員的上司，有一個共同點，那就是精通女職員們的情報。他們除了人事記錄資料以外，關於女職員的個性、態度、習慣、能力等等，都有豐富的情報，根據部屬的個別資料，設定每一個人的教育訓練目標，所以部屬會不勉強、自然地成長，這樣才夠資格得到「善於教育」的評價。

把握活生生的動態情報多寡，決定其管理能力強度的大小，動態情報的收集，來自平時與女職員間之人際關係，例如部屬有疑難問題，也不敢來商量，這種單向關係的管理，情報的流向也會成為單向通行。有疑難問題，無論是什麼事情，都能請教商量的雙向關係，會使下面的情報上通。

同樣是上司，一邊被指「對那種課長打小報告」。另一邊卻被認為「與那位課長商量，承蒙他幫忙」。這兩種上司收集女職員情報的集中程度一定不同，為了獲得信賴，在日常起居行動上，最重要的就是要培養自己什麼話都聽，且對什麼話都能夠講的關係。從此，她們會「課長，這件事知道不知道？」而提供寶貴的情報。

◉上司自誇過去的話，絲毫都不會得到女職員的尊敬

「課長是哪一所大學畢業？」女職員的一句問話，會成為上司自誇的開端，「是○○大學」，本來這樣回答就夠了。但有些上司將它發展為「在我們公司裡前途無量」，好像自己是高知識分子，如果走運且一路順利高升。

但是，對女職員講自誇話，多半無益。

擁有多數職業婦女讀者的女性雜誌，曾經做過意見調查，「妳尊敬的上司，是什麼類型」，從這一項目的調查結果也可以知道，女職員對上司「過去的光榮事跡」一點都不關心。經調查所得，共同尊敬的類型是：有領導能力，對待部下公平不偏，富有幽默感，有包容力的上司。反之，她們討厭的上司，經調查結果，列為高位置的類型是：喜歡擺官架子，及拘泥於過去的上司。

從女職員來看，上司自誇過去的話，就是拘泥於過去，喜歡擺架子的表現，女性討厭男性的卑鄙。女職員內心抱著睥睨的感覺，但卻不敢表露出來。女職員對上司的自誇，雖然隨聲附和說「啊！很棒」，但千萬可別以為她是尊敬你。

有時上司走到座位旁邊，也非常重要。

◉有時上司走到女職員座位旁邊去，也是重要的事

日本企業裡辦公室的排列方法，最常見的是，在大廳裡將桌子相對連接排下去，大家相對坐在連接的辦公桌椅，所以一抬頭，都可對其中任何一位隨便開口講話。上司要對女職員交代工作，很多都坐在自己座位，叫「○小姐，來一下」，再給予工作指示。但有時上司離開自己座位，走到女職員座位旁邊去交代工作，會提振女職員的精神。

譬如說，要交代較重要的工作，由於上司特地離開自己座位，女職員會感到與平時不一樣的緊張感與責任感。

◉想為女職員好「自動擔任容易招怨的任務」，但對方不會領情

電視上刑事戲劇裡，常看到警察偵訊案件時，有「罵嫌犯」與「安撫嫌犯」的警察，「罵嫌犯」的警察，在嫌犯面前拍桌子，對他大罵。「安撫嫌犯」的警察，在適當的時機，會拿出香煙請嫌犯抽，或傾心而談，以解開他的心情，兩人的默契與合作，常常解決很多案件。

在公司裡也有些上司像電視中的「罵嫌犯」警察一樣，認為擔任容易招怨的任務，是自己的職責。這種上司，對女職員的一舉一動都嚴加監視，而破口大罵，讓四周的人聽到。這種上司自認為他的職責，應該要這樣做，但可惜挨罵的一方卻不易接受。為女職員好而責罵她，一旦超過程度，就會使對方感到「被虐待、欺負」的怨恨心理。

感到被欺負，她們可能就不會從心裡服從上司的話，上司如只表現『招怨的職責』，工作環境四周的氣氛，只會日漸陰險起來，「自動擔任容易招怨的任務」，不過是自以為是的想法而已，別人是不會領情的。

◉與女職員講話，有不可使用的禁忌

把握某意見調查，女性所討厭的語句，前三名是「腋毛」「屁股」「便秘」。聽女職員們說除了這三項以外，「肚子」「臀部」「跨下」「大腿」等，風評也非常壞。

女性對有關肉體的露骨表現總是很敏感，並且有強烈厭惡傾向。男性對這一點，神經比較粗，所以不在乎說出這些語句，因而常引起女職員的反感。

前些日子，在某公司看到一個情景，有個中年男人，對靠在鐵櫃的女職員說「喂，把那個屁股移走」。那一個女職員立刻表現出不愉快的表情，這種講法，當然也有損男人的優雅。

對女性輕言「妳沒有精神，是不是患便秘？」或者「你噴香水是不是為了消除狐臭」，是惡劣的行為。在女職員面前，不但不以她本人的肉體為話題，連別人有關肉體的傳聞，最好都不說，才是明智之舉。

◉ 問女職員「還不出嫁嗎？」是禁句中的禁句

對到公司服務稍久的女職員說「小姐，還不嫁嗎？不趕快嫁人，會找不到理想的人唷」，你有沒有這個經驗。說這種話的人，以為是表示親近感，隨便說說以代替招呼。但聽的一方，雖然表面上以笑容應付，可是內心有時會受到創傷。

同期進來的女同事，一個一個結了婚而辭職，為補充出缺，會有許多年輕的新人進來，男性的關心也移到新來的女職員身上。此時說「還不出嫁嗎？」好像催她差不多是要辭職的時期了。結果，她雖然還沒有結婚的計畫，也有人會說「要結婚了」而辭去工作。

「還不出嫁……」上司說出這句話，不但對接受的本人，連周圍也會受到意外的影響，女職員之間藉上司發言的機會，會隨便加上「課長好像不喜歡小姐」，到處傳播謠言。出嫁或者不出嫁，是女性重大問題，上司最好不要輕易開口。

◉上司的習慣若被討厭，以後都不會獲得衷心的服從

一般來說，女職員比男職員容易把自己好惡的感情，帶進工作場所。尤其，女性若「討厭那一個人生理上的習慣」，一定會惡化人際關係。主管不管如何關照部屬，一旦生理上的習慣被討厭，以後無論說什麼，都會受到排拒。

那麼女職員在什麼情況下，會對上司感覺厭惡呢？據她們說，很多是起因於男性細微的習慣，或者動作。例如，吃飯時發出不雅的聲音；在別人面前，滿不在乎的挖鼻孔。到了中年在別人面前，滿不在乎地整理亂塞在肚前的襯衫；也有女職員埋怨，受不了上司在翻帳簿時以手指沾口水；肩上的頭皮屑或者臭腳更不在話下。

介意這些行為，就會對該上司的所作所為，一切都感到討厭，不但會排拒他的命令及指責，連他的稱讚及慰勞的話，都成為「被他提到就不舒服」，也許你認為「無法在部屬面前留神那麼細微的事」，但是要注意這種問題會成為管理女職員的阻礙，而且還會影響工作。

◉希望自己被認為是有教養的上司，需要示範舉止

這裡想要講的，不是禮貌用語的理論。與教養一樣，禮貌用語不是在學校或者家裡學，而是進公司以後開始學的。

但根據調查，在公司有很多主管不會教育訓練員工正確使用禮貌用語。例如，貴公司、令尊、令堂、惠賜、關照、賜顧、高見、光臨，以及敝公司、家父、家母、敬呈、效勞、感銘、淺見、打擾等用語之分。

談生意時，絕對不能誤用用語。女職員們於職前訓練時，就會聽到注意到，所以上司自己絕不可做錯誤的示範。女職員所期待的上司形象，是有智慧、有教養的人，許多女職員都為了禮貌用語而大傷腦筋。如果，想自己被認為是有教養的上司，不能不會示範使用正確的敬語（禮貌用語）。

◉在女職員的教育中，男性主管要斷絕「男性的撒嬌」

男職員常用「女性的撒嬌」去批評女職員，聽說女職員之間也常用「男性的撒嬌」為話題，尤其對男性上司的男性撒嬌，更有尖刻的批評。

女職員從男性上司的什麼地方感覺到「男性的撒嬌」呢？一言以蔽之，就是從類似「我的事，妳一定了解」之男性上司的想法而來。小的像「妳會知道，我喜歡濃一點的茶」，大的像「妳會了解，我在公司的立場」等等。

不說妳也會知道，這種態度在女職員看來就是撒嬌，男性上司最好要記住，女職員對上司沒有那麼大的關心。

對女職員的期待以心傳心，此外還強調在工作上沒有男女之分，會變得缺乏魄力，在女職員的培育中，上司要斷絕「男性的撒嬌」，這是比什麼都重要的事。

◉不問內容盲目蓋章，會造成上司與部屬沒有分別

很多歐美的公司員工，稱讚日本企業特有的「蓋章承認」制度，由於蓋上自己的章，表示「這件文件確已過目」，而負起責任。換言之，蓋章是責任區分的象徵。但實際情形如何？蓋章制度不但不是責任區分的象徵，有時會看到好像是「無責任的象徵」的情況。

對幾件簽呈文件，一概不看內容，只盲目的像機械蓋章。部屬所送來的文件，只看標題就蓋下章。甚至於有「○小姐，替我蓋一下章，送出去」，連蓋章都由別人代勞的情形。

女職員會冷靜觀察，這種沒有盡責的上司，結果她們會懷疑「工作是這個樣子就夠了嗎？」然後，自己也會偷懶，到了這個地步，再由上司來教訓，還會有說服力嗎？

對女職員要求做事的責任感，首先上司就要以身作則；特別要注意的是，不問內容盲目蓋章，會否定自己的責任感。

◉常提起「我的太太是……」這種上司會削減女職員的士氣

有些上司常常提起「我的太太……」，自己津津樂道地談，但這種台詞在女職員間卻不獲好評，女職員會以為自己的一舉一動，都被拿來和上司的太太比較。好像從倒茶的方法，到打電話的方法，服裝的興趣等等，每一件都和上司的太太比較而下判斷，這是令人受不了的。

有時會聽到「我們課長，在開會席上也提起自己太太，真的使人沒啥幹勁」之類的抱怨，不管平時如何愛妻子，在會議席上提起自己太太也確是過分。「我太太」這句話在家裡行得通，但在公司卻行不通，愛妻子的上司容易犯的缺點，就是無意中將家庭倫理帶進工作場所，家庭是享受天倫的場所，企業卻是競爭之地。

在競爭活動的地方，帶進家庭倫理，毫無用處，以家庭主婦的眼光，比較批判女職員會使她們覺得無聊，而且提不起士氣，最好將「我的太太」收藏在自己心內。

◉尊重女職員集團的領導者，也相當重要

你是不是知道女職員的興趣，生日、血型。也許你認為「那些事與管理無關」，可是這些資料，會提供你與女職員之間，圓滑溝通之用。

男性主管對女職員的事情，知道的不多。雖然有她們到職時所填報的履歷表及人事資料。可惜，將這些資料，活用於日常溝通之用的上司不多，而且這些都不是動態資料。

想知道每一個女職員的資料，先要與她們多做接觸，如果自己太忙無法做到，可以利用其他女同事，做為管道，能勝任做管道的是，女性集團中的領導者，她知道集團中各小姐的事情，也有人緣，所以周圍的人也認定她具有擔任她們的管道的能力。

蔑視領導者的存在，上司直接與她的團員接觸，會產生問題。暗中存在女職員間的統御關係會亂，也會成為沒有根據的謠言或閒話的原因，尊重女職員集團中的領導者，相當重要。

上層意見利用術在女職員間不適用。

◉「經理不會准」，這種「上層意見利用術」在女職員間不適用

想利用公司的上下關係，去操縱女職員是男性上司易犯的錯誤。譬如說，自己反對女職員的意見，可是都藉經理名義說「這個經理不會准」。

這種利用上級上司名義的方法，對女職員無效，對女職員提出的上下關係，她們不太會感到壓力。

相反地，她們會想「原來課長什麼都不能自己作主」，所以對女職員要表明你自己的意見。

◉只用嘴巴說關照，對女職員無效

部屬有女職員的上司中有自稱「女權擴張論者」的類型，他與完全不了解女性的上司成對比，自認為精通女性。女孩子喜歡的有五項，他會教我們與女職員溝通的訣竅，他說這五項是金錢、衣服、飲食、結婚和孩子。他說以這五項為話題，和女性交談，會有愉快的會話。因為他是「女權擴張論者」，所以對女性都很殷勤。

有這種女權擴張論者為上司的女職員，是不是都感到幸運？其實，這種上司在女職員間，並沒有好的風評。她們都說只會獻殷勤，但工作分配的方法及組織的改善卻都不佳。

管理能力要包含三要素，是建立人際關係的能力，經營管理的能力，和事務處理的能力。女權擴張論者的上司，有優秀的建立人際關係的能力，但無法以此來彌補經營管理的能力；和女性個人的來往，有建立人際關係能力就夠。可是在企業管理上的上司，只有這項能力，卻無法勝任，沒有經營管理能力仍然無用。

◉女職員對上司講帶刺的話時，要查明其真意

有時女職員會突然說「反正我的話只會打擾課長耳朵……」這種帶刺的話，遇到這種情況，可暫時置若罔聞，嗣後另找非正式的場所，再次與她談談。

女職員開口說帶刺的話時，很多都是另有想說的真心話，所以，絕對不可將帶刺的話，照單全收，妳一言我一語地吵起來，要冷靜地查明她的真心話是什麼？

對上司突然有不信任感時，會發生挑撥性的話，這個不信任感，很多都是由雙方情報數量的差異而產生。譬如，發現課長對同事A所說的話，沒有對自己講的時候，雖然那些話是對A個人的私事，但B會認為是自己受到了差別看待。

在這種情報不足中，若再加上錯誤的情報，一定會使對方產生不信任感。女職員如果說出挑撥性的話出來，最好了解她真心想說的話，能改正情報量的不均衡，就會疏通雙方交流，並解消誤解。

◉女職員突然埋怨自己的工作，是另有工作以外的原因

有時女職員會說出「我的能力總是如此而已」或者「拼命工作也沒有辦法」等等消極的話，她並不是做錯事，也不是人際關係有問題，她為何說這些話？很令上司傷腦筋。

此時，最好想想她們的工作環境，或者正視現代職業女性的一般意識。根據某銀行的調查，女職員感到不滿的最前一項，是「工作沒有變化」，其次是「薪水低」。她可能是，前一天看過女性週刊所刊登的「華貴而且富有魅力的女性職業」，不由得與自己的工作比較，而消沈下去，或者在報紙上看到別的職業婦女的薪水而感到不滿。

女職員，會突然連續輕視自己的工作，是受外來的情報刺激，也就是另有工作以外的原因，一時對自己的公司及自己的前途，感到不安而引起。主管要留意，在情報化的社會中，女職員間也有各色各樣的情報，交錯來往。

女職員就像看別人的院子比較漂亮一樣，對能與自己比較的別人之情報很敏感，所以主管要經常將自己公司的展望向她們解說為宜。

◉女職員間的氣氛如有變化，要想一想原因是不是在自己

假設，有一個女職員好像睡眠不足，紅著眼睛來上班，此時男性上司會想什麼？可能會先探查那一個女職員的私生活。「A小姐，是不是昨夜和男朋友約會到很晚？」「不，不是。」在辦公室常常會聽到這種會話。

對女職員來說，男性上司總是會有愚昧的看法，女職員一有不一樣的樣子，男性上司馬上喜歡，從她的男性關係等，工作以外的私生活去推測，但，一個女職員的情況怪異時，要細心觀察，情況怪異的是不是只有一個。

假如觀察的結果，同一工作單位的女職員間的氣氛和平常不一樣，最好先猜，其原因是不是在自己，或許自己沒有注意到的細微言行，招致意想不到的誤會。感到周圍的氣氛怪異，經查明後才知道是因為謠言傳說，自己將被調離，所以遇到氣氛怪異，要回首反省，原因不是出自自己則好，如發現問題一定要早期治療。

◉管理女職員，不是集團管理，而是個別管理為原則

英國有名的經濟學者說「為了不減低國民生產毛額，一家之主及經營者，不要與佣人或秘書結婚」，這不外是，主婦的家庭勞動不計算在國民生產毛額內的原因。

與家庭主婦不同，由於女職員在公司工作，國家的國民生產毛額及公司的生產毛額，都確實會增加，不但會提高生產毛額，今後女職員們會更熟練操作電腦，和處理更多的情報，在櫃台窗口操作個人電腦的女職員，會比坐辦公桌作管理事務的人多。加上需要自己下判斷的業務也會增多。

隨著工作內容的變化，管理女職員的方法，當然也需要有變化。那種沒有條理原則的集團管理方式，已不適合現在狀況。

單純的作業，像每一齒輪的銜接工作，可用集團管理方式去管理，但一個要經手幾百幾千情報的女職員，不能與過去的女職員的存在意義相比。主管人員一定要改變以往的陳舊觀念才行。

「企業就是人」。現在職業婦女已佔全就業人口的三成以上。換言之，就業員工中

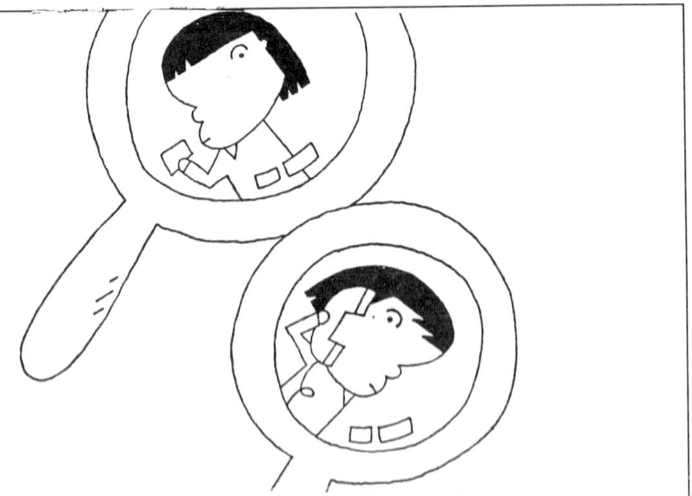

管理女職員以個別管理爲原則。

的三分之一是女性，而一百個人裡面，有三十多人是女性員工。

看到這個實情，要把女職員當作「花瓶之花」，或者作為「企業內的人」，由於觀點的不同，該企業的生產毛額也會有很大的差異。

如果把女職員當作花瓶的花，就不需要個別管理，對一枝一枝的花，個別澆水，不如像花壇苗圃集中管理，比較合理。

對花觀賞一眼就好，不需要太仔細。但要培養成為企業的人，就必須要有細心的觀察，這就是個別管理。

◉命令特定的女職員去蒐集情報的上司是不及格的

女同事間情報傳達的速度相當快，昨晚和誰一起去喝酒？在哪一家卡拉ＯＫ唱什麼歌？她們都知道。和男職員不同，她們有獨特的情報網，所以情報豐富。

因為女職員的情報豐富，所以聽說有命令女職員去蒐集情報的上司，如果有這種上司，可以說是不及格的上司，由於這種行為，當事的女職員會受到相當大的傷害。

女職員之間，一方面微妙地相互排拒，另一方面相當堅固地團結在一起。所以很快就會發現向上司洩漏情報的人。結果，洩漏情報的人以及其上司，都會喪失女職員的信賴。

以後，該上司無論說什麼，都無法期待女職員們有誠意的反應，被女職員排除的上司，也會失掉男職員的信賴。想要從女職員多得情報，要先潔身自好，獲得她們的信賴，這樣從女職員來的情報，才會自然聚集。

◉將差別與區別混為一談的主管，對女職員教育會失敗

某女性就業雜誌中寫著，從小一直在男女合校的學校成長的女性，切實感覺到「我是女人」，是就業進公司之門的時候。

同期到職的男同事，更被看重，上司對他們講解工作的意義，訓話並鼓勵他們。但對女職員卻只教她們份內工作的順序而已，對其他的事一概不提。

這種差別感，使女職員感受「工作和公司是什麼？我絕不會在這裡努力盡職，能利用公司，我就去利用」，而變成不顧工作進度，卻請假到海外去旅行。

這種女職員的思想，雖然有問題，但男性主管最好不要將差別與區別混淆不清，開口說「因為妳是女性，所以……」的主管下面，不會培養出有能力的女職員，因為女職員在這句話的背後，感覺受了差別看待。本來，在企業競爭下的商場，就會有完全的公平，上司要視部屬的能力，加予區別評價。

但區別與差別不同，男女雇用平等法成為話題的現在，對女職員的差別意識，會造成只想利用公司且無教養的女職員。

◉要意識到女職員有男職員所沒有的優點

規規矩矩、工作好、遵守完成工作的期限，交代的工作一定會做，有感性、有與男性不同的觀點……三井銀行有四、五〇〇名女性職員，上述這些女職員的優點，就是她們對公司正面貢獻的各項因素。男性主管在家庭，十分了解這些女性的優點，但到工作場所就會疏忽掉。

女職員完成的文件非常好，可惜無意識中卻將它當作「那是應該的」而不去想，把她的特性應用於工作上。

發行數量全國第一的女性就業情報雜誌，在廣告裡說「是不是還有我們不會做的工作」，女職員們在上班的電車車廂裡，看著這樣的廣告，到公司上班。本來認為是異性領域的工作，最近已經有很多女性登場，這種傾向，今後也許會更增加。

考慮這種時代的趨勢，需要把女職員所有的，對公司有正面幫助的優點，編進女職員戰鬥力的項目裡去。

◉要成為具有男性魅力的上司，才能管理女職員

最近的女學生，常被批評，上課放在其次，只熱中於學生活動及遊樂。可是，這種女學生，在具有男性魅力的教授的課，出席率卻很高，據說，因為教授棒，所以高興上他的課，也想用功。

這種感覺，在工作場所好像也一樣，女職員對上司希求的，不但是優秀的主管，也希望他具有「男性的魅力」。在有魅力的男性領導下，工作會起勁，上班也快活。

那麼，具有男性魅力的上司，需要什麼條件？綜合女職員的心聲：理想上司的形象，第一要富有智慧，而感覺靈敏，有幽默感。如果能加上話題豐富，做事細心則更好。平時雖然嚴格，但遇到困難會給予協助的，體貼可靠的上司最受支持。

她們對上司的髮型、領帶的花樣、生活方式、人生觀等等，都以看男性的眼光去觀察。為了掌握女職員的心，使他們發揮工作效力。主管要使自己成為有魅力的男性，結論是「男性的魅力」左右主管的實力。

◉想與女職員建立信賴關係，要知道她們所期待的主管形象

好像我們期待的女職員形象，隨著時代變化一樣，她們要求的主管形象，也隨著產業與經濟的變動而變。可惜，主管本身，卻沒有注意到這一點。以上將教育訓練女職員的訣竅，詳細，具體的講述了。最後，要寫的是主管的形象變遷，和現在所需要的主管。想與女職員建立信賴關係，最好知道她們所期待的主管形象。

一九四五年至五五年代經濟復興成長期，「跟著我來」的創業者型，是主管形象的特質，教育方法也以「以身體體驗學習」，只以現場教育為這個時期的主流。進入經濟成長期才引進集體研習的方法。

一九六五年代，經濟高度成長期，轉為官僚型的「用教材或者指導書，分階層加予教育」的主管形象，以職前訓練和主管研習等集體研習為主導。

經濟安定成長期的現在，所需要的主管形象是，系統指導型，能從整體考慮，去解決問題的主管。員工教育的動向，也由集體研習轉移為自己啟發的強化，這個背景包括有國際化及隨著社會情報化的進展，女性勞動力的加入等等。至今，研究教育女職員的方法，正是主管自己啟發自己的工作。

大展出版社有限公司	圖書目錄
地址：台北市北投區11204 致遠一路二段12巷1號 郵撥： 0166955～1	電話：(02) 8236031 8236033 傳真：(02) 8272069

・法律專欄連載・電腦編號 58

台大法學院 法律學系／策劃 法律服務社／編著

①別讓您的權利睡著了1	200元
②別讓您的權利睡著了2	200元

・秘傳占卜系列・電腦編號 14

①手相術	淺野八郎著	150元
②人相術	淺野八郎著	150元
③西洋占星術	淺野八郎著	150元
④中國神奇占卜	淺野八郎著	150元
⑤夢判斷	淺野八郎著	150元
⑥前世、來世占卜	淺野八郎著	150元
⑦法國式血型學	淺野八郎著	150元
⑧靈感、符咒學	淺野八郎著	150元
⑨紙牌占卜學	淺野八郎著	150元
⑩ＥＳＰ超能力占卜	淺野八郎著	150元
⑪猶太數的秘術	淺野八郎著	150元
⑫新心理測驗	淺野八郎著	160元
⑬塔羅牌預言秘法	淺野八郎著	200元

・趣味心理講座・電腦編號 15

①性格測驗１	探索男與女	淺野八郎著	140元
②性格測驗２	透視人心奧秘	淺野八郎著	140元
③性格測驗３	發現陌生的自己	淺野八郎著	140元
④性格測驗４	發現你的真面目	淺野八郎著	140元
⑤性格測驗５	讓你們吃驚	淺野八郎著	140元
⑥性格測驗６	洞穿心理盲點	淺野八郎著	140元
⑦性格測驗７	探索對方心理	淺野八郎著	140元
⑧性格測驗８	由吃認識自己	淺野八郎著	140元

⑨性格測驗9	戀愛知多少	淺野八郎著	160元
⑩性格測驗10	由裝扮瞭解人心	淺野八郎著	160元
⑪性格測驗11	敲開內心玄機	淺野八郎著	140元
⑫性格測驗12	透視你的未來	淺野八郎著	140元
⑬血型與你的一生		淺野八郎著	160元
⑭趣味推理遊戲		淺野八郎著	160元
⑮行爲語言解析		淺野八郎著	160元

・婦 幼 天 地・電腦編號16

①八萬人減肥成果	黃靜香譯	180元
②三分鐘減肥體操	楊鴻儒譯	150元
③窈窕淑女美髮秘訣	柯素娥譯	130元
④使妳更迷人	成　玉譯	130元
⑤女性的更年期	官舒妍編譯	160元
⑥胎內育兒法	李玉瓊編譯	150元
⑦早產兒袋鼠式護理	唐岱蘭譯	200元
⑧初次懷孕與生產	婦幼天地編譯組	180元
⑨初次育兒12個月	婦幼天地編譯組	180元
⑩斷乳食與幼兒食	婦幼天地編譯組	180元
⑪培養幼兒能力與性向	婦幼天地編譯組	180元
⑫培養幼兒創造力的玩具與遊戲	婦幼天地編譯組	180元
⑬幼兒的症狀與疾病	婦幼天地編譯組	180元
⑭腿部苗條健美法	婦幼天地編譯組	180元
⑮女性腰痛別忽視	婦幼天地編譯組	150元
⑯舒展身心體操術	李玉瓊編譯	130元
⑰三分鐘臉部體操	趙薇妮著	160元
⑱生動的笑容表情術	趙薇妮著	160元
⑲心曠神怡減肥法	川津祐介著	130元
⑳內衣使妳更美麗	陳玄茹譯	130元
㉑瑜伽美姿美容	黃靜香編著	150元
㉒高雅女性裝扮學	陳珮玲譯	180元
㉓蠶糞肌膚美顏法	坂梨秀子著	160元
㉔認識妳的身體	李玉瓊譯	160元
㉕產後恢復苗條體態	居理安・芙萊喬著	200元
㉖正確護髮美容法	山崎伊久江著	180元
㉗安琪拉美姿養生學	安琪拉蘭斯博瑞著	180元
㉘女體性醫學剖析	增田豐著	220元
㉙懷孕與生產剖析	岡部綾子著	180元
㉚斷奶後的健康育兒	東城百合子著	220元
㉛引出孩子幹勁的責罵藝術	多湖輝著	170元

㉜培養孩子獨立的藝術	多湖輝著	170元
㉝子宮肌瘤與卵巢囊腫	陳秀琳編著	180元
㉞下半身減肥法	納他夏・史達賓著	180元
㉟女性自然美容法	吳雅菁編著	180元
㊱再也不發胖	池園悅太郎著	170元
㊲生男生女控制術	中垣勝裕著	220元
㊳使妳的肌膚更亮麗	楊　皓編著	170元
㊴臉部輪廓變美	芝崎義夫著	180元
㊵斑點、皺紋自己治療	高須克彌著	180元
㊶面皰自己治療	伊藤雄康著	180元
㊷隨心所欲瘦身冥想法	原久子著	180元
㊸胎兒革命	鈴木丈織著	180元
㊹NS磁氣平衡法塑造窈窕奇蹟	古屋和江著	180元

・青 春 天 地・電腦編號17

①A血型與星座	柯素娥編譯	160元
②B血型與星座	柯素娥編譯	160元
③O血型與星座	柯素娥編譯	160元
④AB血型與星座	柯素娥編譯	120元
⑤青春期性教室	呂貴嵐編譯	130元
⑥事半功倍讀書法	王毅希編譯	150元
⑦難解數學破題	宋釗宜編譯	130元
⑧速算解題技巧	宋釗宜編譯	130元
⑨小論文寫作秘訣	林顯茂編譯	120元
⑪中學生野外遊戲	熊谷康編著	120元
⑫恐怖極短篇	柯素娥編譯	130元
⑬恐怖夜話	小毛驢編譯	130元
⑭恐怖幽默短篇	小毛驢編譯	120元
⑮黑色幽默短篇	小毛驢編譯	120元
⑯靈異怪談	小毛驢編譯	130元
⑰錯覺遊戲	小毛驢編譯	130元
⑱整人遊戲	小毛驢編著	150元
⑲有趣的超常識	柯素娥編譯	130元
⑳哦！原來如此	林慶旺編譯	130元
㉑趣味競賽100種	劉名揚編譯	120元
㉒數學謎題入門	宋釗宜編譯	150元
㉓數學謎題解析	宋釗宜編譯	150元
㉔透視男女心理	林慶旺編譯	120元
㉕少女情懷的自白	李桂蘭編譯	120元
㉖由兄弟姊妹看命運	李玉瓊編譯	130元

㉗趣味的科學魔術	林慶旺編譯	150元
㉘趣味的心理實驗室	李燕玲編譯	150元
㉙愛與性心理測驗	小毛驢編譯	130元
㉚刑案推理解謎	小毛驢編譯	130元
㉛偵探常識推理	小毛驢編譯	130元
㉜偵探常識解謎	小毛驢編譯	130元
㉝偵探推理遊戲	小毛驢編譯	130元
㉞趣味的超魔術	廖玉山編著	150元
㉟趣味的珍奇發明	柯素娥編著	150元
㊱登山用具與技巧	陳瑞菊編著	150元

•健 康 天 地• 電腦編號 18

①壓力的預防與治療	柯素娥編譯	130元
②超科學氣的魔力	柯素娥編譯	130元
③尿療法治病的神奇	中尾良一著	130元
④鐵證如山的尿療法奇蹟	廖玉山譯	120元
⑤一日斷食健康法	葉慈容編譯	150元
⑥胃部強健法	陳炳崑譯	120元
⑦癌症早期檢查法	廖松濤譯	160元
⑧老人痴呆症防止法	柯素娥編譯	130元
⑨松葉汁健康飲料	陳麗芬編譯	130元
⑩揉肚臍健康法	永井秋夫著	150元
⑪過勞死、猝死的預防	卓秀貞編譯	130元
⑫高血壓治療與飲食	藤山順豐著	150元
⑬老人看護指南	柯素娥編譯	150元
⑭美容外科淺談	楊啟宏著	150元
⑮美容外科新境界	楊啟宏著	150元
⑯鹽是天然的醫生	西英司郎著	140元
⑰年輕十歲不是夢	梁瑞麟譯	200元
⑱茶料理治百病	桑野和民著	180元
⑲綠茶治病寶典	桑野和民著	150元
⑳杜仲茶養顏減肥法	西田博著	150元
㉑蜂膠驚人療效	瀨長良三郎著	180元
㉒蜂膠治百病	瀨長良三郎著	180元
㉓醫藥與生活	鄭炳全著	180元
㉔鈣長生寶典	落合敏著	180元
㉕大蒜長生寶典	木下繁太郎著	160元
㉖居家自我健康檢查	石川恭三著	160元
㉗永恒的健康人生	李秀鈴譯	200元
㉘大豆卵磷脂長生寶典	劉雪卿譯	150元

㉙芳香療法	梁艾琳譯	160元
㉚醋長生寶典	柯素娥譯	180元
㉛從星座透視健康	席拉・吉蒂斯著	180元
㉜愉悅自在保健學	野本二士夫著	160元
㉝裸睡健康法	丸山淳士等著	160元
㉞糖尿病預防與治療	藤田順豐著	180元
㉟維他命長生寶典	菅原明子著	180元
㊱維他命C新效果	鐘文訓編	150元
㊲手、腳病理按摩	堤芳朗著	160元
㊳AIDS瞭解與預防	彼得塔歇爾著	180元
㊴甲殼質殼聚糖健康法	沈永嘉譯	160元
㊵神經痛預防與治療	木下眞男著	160元
㊶室內身體鍛鍊法	陳炳崑編著	160元
㊷吃出健康藥膳	劉大器編著	180元
㊸自我指壓術	蘇燕謀編著	160元
㊹紅蘿蔔汁斷食療法	李玉瓊編著	150元
㊺洗心術健康秘法	竺翠萍編譯	170元
㊻枇杷葉健康療法	柯素娥編譯	180元
㊼抗衰血癒	楊啟宏著	180元
㊽與癌搏鬥記	逸見政孝著	180元
㊾冬蟲夏草長生寶典	高橋義博著	170元
㊿痔瘡・大腸疾病先端療法	宮島伸宜著	180元
51膠布治癒頑固慢性病	加瀨建造著	180元
52芝麻神奇健康法	小林貞作著	170元
53香煙能防止癡呆？	高田明和著	180元
54穀菜食治癌療法	佐藤成志著	180元
55貼藥健康法	松原英多著	180元
56克服癌症調和道呼吸法	帶津良一著	180元
57Ｂ型肝炎預防與治療	野村喜重郎著	180元
58青春永駐養生導引術	早島正雄著	180元
59改變呼吸法創造健康	原久子著	180元
60荷爾蒙平衡養生秘訣	出村博著	180元
61水美肌健康法	井戶勝富著	170元
62認識食物掌握健康	廖梅珠編著	170元
63痛風劇痛消除法	鈴木吉彥著	180元
64酸莖菌驚人療效	上田明彥著	180元
65大豆卵磷脂治現代病	神津健一著	200元
66時辰療法——危險時刻凌晨４時	呂建強等著	180元
67自然治癒力提升法	帶津良一著	180元
68巧妙的氣保健法	藤平墨子著	180元
69治癒Ｃ型肝炎	熊田博光著	180元

⑰肝臟病預防與治療	劉名揚編著	180元
⑱腰痛平衡療法	荒井政信著	180元
⑲根治多汗症、狐臭	稻葉益巳著	220元
⑳40歲以後的骨質疏鬆症	沈永嘉譯	180元
㉑認識中藥	松下一成著	180元
㉒認識氣的科學	佐佐木茂美著	180元
㉓我戰勝了癌症	安田伸著	180元
㉔斑點是身心的危險信號	中野進著	180元
㉕艾波拉病毒大震撼	玉川重德著	180元
㉖重新還我黑髮	桑名隆一郎著	180元
㉗身體節律與健康	林博史著	180元
㉘生薑治萬病	石原結實著	180元

•實用女性學講座• 電腦編號 19

①解讀女性內心世界	島田一男著	150元
②塑造成熟的女性	島田一男著	150元
③女性整體裝扮學	黃靜香編著	180元
④女性應對禮儀	黃靜香編著	180元
⑤女性婚前必修	小野十傳著	200元
⑥徹底瞭解女人	田口二州著	180元
⑦拆穿女性謊言88招	島田一男著	200元
⑧解讀女人心	島田一男著	200元

•校 園 系 列• 電腦編號 20

①讀書集中術	多湖輝著	150元
②應考的訣竅	多湖輝著	150元
③輕鬆讀書贏得聯考	多湖輝著	150元
④讀書記憶秘訣	多湖輝著	150元
⑤視力恢復！超速讀術	江錦雲譯	180元
⑥讀書36計	黃柏松編著	180元
⑦驚人的速讀術	鐘文訓編著	170元
⑧學生課業輔導良方	多湖輝著	180元
⑨超速讀超記憶法	廖松濤編著	180元
⑩速算解題技巧	宋釗宜編著	200元
⑪看圖學英文	陳炳崑編著	200元

•實用心理學講座• 電腦編號 21

①拆穿欺騙伎倆	多湖輝著	140元

②創造好構想	多湖輝著	140元
③面對面心理術	多湖輝著	160元
④僞裝心理術	多湖輝著	140元
⑤透視人性弱點	多湖輝著	140元
⑥自我表現術	多湖輝著	180元
⑦不可思議的人性心理	多湖輝著	150元
⑧催眠術入門	多湖輝著	150元
⑨責罵部屬的藝術	多湖輝著	150元
⑩精神力	多湖輝著	150元
⑪厚黑說服術	多湖輝著	150元
⑫集中力	多湖輝著	150元
⑬構想力	多湖輝著	150元
⑭深層心理術	多湖輝著	160元
⑮深層語言術	多湖輝著	160元
⑯深層說服術	多湖輝著	180元
⑰掌握潛在心理	多湖輝著	160元
⑱洞悉心理陷阱	多湖輝著	180元
⑲解讀金錢心理	多湖輝著	180元
⑳拆穿語言圈套	多湖輝著	180元
㉑語言的內心玄機	多湖輝著	180元

•超現實心理講座•電腦編號 22

①超意識覺醒法	詹蔚芬編譯	130元
②護摩秘法與人生	劉名揚編譯	130元
③秘法！超級仙術入門	陸　明譯	150元
④給地球人的訊息	柯素娥編著	150元
⑤密教的神通力	劉名揚編著	130元
⑥神秘奇妙的世界	平川陽一著	180元
⑦地球文明的超革命	吳秋嬌譯	200元
⑧力量石的秘密	吳秋嬌譯	180元
⑨超能力的靈異世界	馬小莉譯	200元
⑩逃離地球毀滅的命運	吳秋嬌譯	200元
⑪宇宙與地球終結之謎	南山宏著	200元
⑫驚世奇功揭秘	傅起鳳著	200元
⑬啟發身心潛力心象訓練法	栗田昌裕著	180元
⑭仙道術遁甲法	高藤聰一郎著	220元
⑮神通力的秘密	中岡俊哉著	180元
⑯仙人成仙術	高藤聰一郎著	200元
⑰仙道符咒氣功法	高藤聰一郎著	220元
⑱仙道風水術尋龍法	高藤聰一郎著	200元

⑲仙道奇蹟超幻像	高藤聰一郎著	200元
⑳仙道鍊金術房中法	高藤聰一郎著	200元
㉑奇蹟超醫療治癒難病	深野一幸著	220元
㉒揭開月球的神秘力量	超科學研究會	180元
㉓西藏密教奧義	高藤聰一郎著	250元

・養 生 保 健・電腦編號 23

①醫療養生氣功	黃孝寬著	250元
②中國氣功圖譜	余功保著	230元
③少林醫療氣功精粹	井玉蘭著	250元
④龍形實用氣功	吳大才等著	220元
⑤魚戲增視強身氣功	宮　嬰著	220元
⑥嚴新氣功	前新培金著	250元
⑦道家玄牝氣功	張　章著	200元
⑧仙家秘傳袪病功	李遠國著	160元
⑨少林十大健身功	秦慶豐著	180元
⑩中國自控氣功	張明武著	250元
⑪醫療防癌氣功	黃孝寬著	250元
⑫醫療強身氣功	黃孝寬著	250元
⑬醫療點穴氣功	黃孝寬著	250元
⑭中國八卦如意功	趙維漢著	180元
⑮正宗馬禮堂養氣功	馬禮堂著	420元
⑯秘傳道家筋經內丹功	王慶餘著	280元
⑰三元開慧功	辛桂林著	250元
⑱防癌治癌新氣功	郭　林著	180元
⑲禪定與佛家氣功修煉	劉天君著	200元
⑳顛倒之術	梅自強著	360元
㉑簡明氣功辭典	吳家駿編	360元
㉒八卦三合功	張全亮著	230元
㉓朱砂掌健身養生功	楊　永著	250元
㉔抗老功	陳九鶴著	230元

・社會人智囊・電腦編號 24

①糾紛談判術	清水增三著	160元
②創造關鍵術	淺野八郎著	150元
③觀人術	淺野八郎著	180元
④應急詭辯術	廖英迪編著	160元
⑤天才家學習術	木原武一著	160元
⑥猫型狗式鑑人術	淺野八郎著	180元

⑦逆轉運掌握術	淺野八郎著	180元
⑧人際圓融術	澀谷昌三著	160元
⑨解讀人心術	淺野八郎著	180元
⑩與上司水乳交融術	秋元隆司著	180元
⑪男女心態定律	小田晉著	180元
⑫幽默說話術	林振輝編著	200元
⑬人能信賴幾分	淺野八郎著	180元
⑭我一定能成功	李玉瓊譯	180元
⑮獻給青年的嘉言	陳蒼杰譯	180元
⑯知人、知面、知其心	林振輝編著	180元
⑰塑造堅強的個性	坂上肇著	180元
⑱爲自己而活	佐藤綾子著	180元
⑲未來十年與愉快生活有約	船井幸雄著	180元
⑳超級銷售話術	杜秀卿譯	180元
㉑感性培育術	黃靜香編著	180元
㉒公司新鮮人的禮儀規範	蔡媛惠譯	180元
㉓傑出職員鍛鍊術	佐佐木正著	180元
㉔面談獲勝戰略	李芳黛譯	180元
㉕金玉良言撼人心	森純大著	180元
㉖男女幽默趣典	劉華亭編著	180元
㉗機智說話術	劉華亭編著	180元
㉘心理諮商室	柯素娥譯	180元
㉙如何在公司頭角崢嶸	佐佐木正著	180元
㉚機智應對術	李玉瓊編著	200元
㉛克服低潮良方	坂野雄二著	180元
㉜智慧型說話技巧	沈永嘉編著	元
㉝記憶力、集中力增進術	廖松濤編著	180元

・精 選 系 列・電腦編號 25

①毛澤東與鄧小平	渡邊利夫等著	280元
②中國大崩裂	江戶介雄著	180元
③台灣・亞洲奇蹟	上村幸治著	220元
④7-ELEVEN高盈收策略	國友隆一著	180元
⑤台灣獨立	森 詠著	200元
⑥迷失中國的末路	江戶雄介著	220元
⑦2000年5月全世界毀滅	紫藤甲子男著	180元
⑧失去鄧小平的中國	小島朋之著	220元
⑨世界史爭議性異人傳	桐生操著	200元
⑩淨化心靈享人生	松濤弘道著	220元
⑪人生心情診斷	賴藤和寬著	220元

⑫中美大決戰　檜山良昭著　220元

・運 動 遊 戲・電腦編號 26

①雙人運動　李玉瓊譯　160元
②愉快的跳繩運動　廖玉山譯　180元
③運動會項目精選　王佑京譯　150元
④肋木運動　廖玉山譯　150元
⑤測力運動　王佑宗譯　150元

・休 閒 娛 樂・電腦編號 27

①海水魚飼養法　田中智浩著　300元
②金魚飼養法　曾雪玫譯　250元
③熱門海水魚　毛利匡明著　480元
④愛犬的教養與訓練　池田好雄著　250元

・銀髮族智慧學・電腦編號 28

①銀髮六十樂逍遙　多湖輝著　170元
②人生六十反年輕　多湖輝著　170元
③六十歲的決斷　多湖輝著　170元

・飲 食 保 健・電腦編號 29

①自己製作健康茶　大海淳著　220元
②好吃、具藥效茶料理　德永睦子著　220元
③改善慢性病健康藥草茶　吳秋嬌譯　200元
④藥酒與健康果菜汁　成玉編著　250元

・家庭醫學保健・電腦編號 30

①女性醫學大全　雨森良彥著　380元
②初爲人父育兒寶典　小瀧周曹著　220元
③性活力強健法　相建華著　220元
④30歲以上的懷孕與生產　李芳黛編著　220元
⑤舒適的女性更年期　野末悅子著　200元
⑥夫妻前戲的技巧　笠井寬司著　200元
⑦病理足穴按摩　金慧明著　220元
⑧爸爸的更年期　河野孝旺著　200元
⑨橡皮帶健康法　山田晶著　200元

⑩33天健美減肥	相建華等著	180元
⑪男性健美入門	孫玉祿編著	180元
⑫強化肝臟秘訣	主婦の友社編	200元
⑬了解藥物副作用	張果馨譯	200元
⑭女性醫學小百科	松山榮吉著	200元
⑮左轉健康秘訣	龜田修等著	200元
⑯實用天然藥物	鄭炳全編著	260元
⑰神秘無痛平衡療法	林宗駛著	180元
⑱膝蓋健康法	張果馨譯	180元

•心 靈 雅 集• 電腦編號 00

①禪言佛語看人生	松濤弘道著	180元
②禪密教的奧秘	葉逯謙譯	120元
③觀音大法力	田口日勝著	120元
④觀音法力的大功德	田口日勝著	120元
⑤達摩禪106智慧	劉華亭編譯	220元
⑥有趣的佛教研究	葉逯謙編譯	170元
⑦夢的開運法	蕭京凌譯	130元
⑧禪學智慧	柯素娥編譯	130元
⑨女性佛教入門	許俐萍譯	110元
⑩佛像小百科	心靈雅集編譯組	130元
⑪佛教小百科趣談	心靈雅集編譯組	120元
⑫佛教小百科漫談	心靈雅集編譯組	150元
⑬佛教知識小百科	心靈雅集編譯組	150元
⑭佛學名言智慧	松濤弘道著	220元
⑮釋迦名言智慧	松濤弘道著	220元
⑯活人禪	平田精耕著	120元
⑰坐禪入門	柯素娥編譯	150元
⑱現代禪悟	柯素娥編譯	130元
⑲道元禪師語錄	心靈雅集編譯組	130元
⑳佛學經典指南	心靈雅集編譯組	130元
㉑何謂「生」 阿含經	心靈雅集編譯組	150元
㉒一切皆空 般若心經	心靈雅集編譯組	150元
㉓超越迷惘 法句經	心靈雅集編譯組	130元
㉔開拓宇宙觀 華嚴經	心靈雅集編譯組	180元
㉕真實之道 法華經	心靈雅集編譯組	130元
㉖自由自在 涅槃經	心靈雅集編譯組	130元
㉗沈默的教示 維摩經	心靈雅集編譯組	150元
㉘開通心眼 佛語佛戒	心靈雅集編譯組	130元
㉙揭秘寶庫 密教經典	心靈雅集編譯組	180元

㉚坐禪與養生	廖松濤譯	110元
㉛釋尊十戒	柯素娥編譯	120元
㉜佛法與神通	劉欣如編著	120元
㉝悟（正法眼藏的世界）	柯素娥編譯	120元
㉞只管打坐	劉欣如編著	120元
㉟喬答摩・佛陀傳	劉欣如編著	120元
㊱唐玄奘留學記	劉欣如編著	120元
㊲佛教的人生觀	劉欣如編譯	110元
㊳無門關（上卷）	心靈雅集編譯組	150元
㊴無門關（下卷）	心靈雅集編譯組	150元
㊵業的思想	劉欣如編著	130元
㊶佛法難學嗎	劉欣如著	140元
㊷佛法實用嗎	劉欣如著	140元
㊸佛法殊勝嗎	劉欣如著	140元
㊹因果報應法則	李常傳編	180元
㊺佛教醫學的奧秘	劉欣如編著	150元
㊻紅塵絕唱	海　若著	130元
㊼佛教生活風情	洪丕謨、姜玉珍著	220元
㊽行住坐臥有佛法	劉欣如著	160元
㊾起心動念是佛法	劉欣如著	160元
㊿四字禪語	曹洞宗青年會	200元
(51)妙法蓮華經	劉欣如編著	160元
(52)根本佛教與大乘佛教	葉作森編	180元
(53)大乘佛經	定方晟著	180元
(54)須彌山與極樂世界	定方晟著	180元
(55)阿闍世的悟道	定方晟著	180元
(56)金剛經的生活智慧	劉欣如著	180元

・經營管理・電腦編號01

◎創新經營六十六大計（精）	蔡弘文編	780元
①如何獲取生意情報	蘇燕謀譯	110元
②經濟常識問答	蘇燕謀譯	130元
④台灣商戰風雲錄	陳中雄著	120元
⑤推銷大王秘錄	原一平著	180元
⑥新創意・賺大錢	王家成譯	90元
⑦工廠管理新手法	琪　輝著	120元
⑨經營參謀	柯順隆譯	120元
⑩美國實業24小時	柯順隆譯	80元
⑪撼動人心的推銷法	原一平著	150元
⑫高竿經營法	蔡弘文編	120元

⑬如何掌握顧客	柯順隆譯	150元
⑭一等一賺錢策略	蔡弘文編	120元
⑯成功經營妙方	鐘文訓著	120元
⑰一流的管理	蔡弘文編	150元
⑱外國人看中韓經濟	劉華亭譯	150元
⑳突破商場人際學	林振輝編著	90元
㉑無中生有術	琪輝編著	140元
㉒如何使女人打開錢包	林振輝編著	100元
㉓操縱上司術	邑井操著	90元
㉔小公司經營策略	王嘉誠著	160元
㉕成功的會議技巧	鐘文訓編譯	100元
㉖新時代老闆學	黃柏松編著	100元
㉗如何創造商場智囊團	林振輝編譯	150元
㉘十分鐘推銷術	林振輝編譯	180元
㉙五分鐘育才	黃柏松編譯	100元
㉚成功商場戰術	陸明編譯	100元
㉛商場談話技巧	劉華亭編譯	120元
㉜企業帝王學	鐘文訓譯	90元
㉝自我經濟學	廖松濤編譯	100元
㉞一流的經營	陶田生編著	120元
㉟女性職員管理術	王昭國編譯	120元
㊱ＩＢＭ的人事管理	鐘文訓編譯	150元
㊲現代電腦常識	王昭國編譯	150元
㊳電腦管理的危機	鐘文訓編譯	120元
㊴如何發揮廣告效果	王昭國編譯	150元
㊵最新管理技巧	王昭國編譯	150元
㊶一流推銷術	廖松濤編譯	150元
㊷包裝與促銷技巧	王昭國編譯	130元
㊸企業王國指揮塔	松下幸之助著	120元
㊹企業精銳兵團	松下幸之助著	120元
㊺企業人事管理	松下幸之助著	100元
㊻華僑經商致富術	廖松濤編譯	130元
㊼豐田式銷售技巧	廖松濤編譯	180元
㊽如何掌握銷售技巧	王昭國編著	130元
㊿洞燭機先的經營	鐘文訓編譯	150元
52新世紀的服務業	鐘文訓編譯	100元
53成功的領導者	廖松濤編譯	120元
54女推銷員成功術	李玉瓊編譯	130元
55ＩＢＭ人才培育術	鐘文訓編譯	100元
56企業人自我突破法	黃琪輝編著	150元
58財富開發術	蔡弘文編著	130元

⑲成功的店舖設計	鐘文訓編著	150元
㉛企管回春法	蔡弘文編著	130元
㉜小企業經營指南	鐘文訓編譯	100元
㉝商場致勝名言	鐘文訓編譯	150元
㉞迎接商業新時代	廖松濤編譯	100元
㉟新手股票投資入門	何朝乾 編	200元
㊱上揚股與下跌股	何朝乾編譯	180元
㊲股票速成學	何朝乾編譯	200元
㊳理財與股票投資策略	黃俊豪編著	180元
㊴黃金投資策略	黃俊豪編著	180元
㊵厚黑管理學	廖松濤編譯	180元
㊶股市致勝格言	呂梅莎編譯	180元
㊷透視西武集團	林谷燁編譯	150元
㊸巡迴行銷術	陳蒼杰譯	150元
㊹推銷的魔術	王嘉誠譯	120元
㊺60秒指導部屬	周蓮芬編譯	150元
㊻精銳女推銷員特訓	李玉瓊編譯	130元
㊼企劃、提案、報告圖表的技巧	鄭 汶 譯	180元
㊽海外不動產投資	許達守編譯	150元
㊾八百伴的世界策略	李玉瓊譯	150元
㊿服務業品質管理	吳宜芬譯	180元
84零庫存銷售	黃東謙編譯	150元
85三分鐘推銷管理	劉名揚編譯	150元
86推銷大王奮鬥史	原一平著	150元
87豐田汽車的生產管理	林谷燁編譯	150元

•成功寶庫• 電腦編號 02

①上班族交際術	江森滋著	100元
②拍馬屁訣竅	廖玉山編譯	110元
④聽話的藝術	歐陽輝編譯	110元
⑨求職轉業成功術	陳 義編著	110元
⑩上班族禮儀	廖玉山編著	120元
⑪接近心理學	李玉瓊編著	100元
⑫創造自信的新人生	廖松濤編著	120元
⑭上班族如何出人頭地	廖松濤編著	100元
⑮神奇瞬間瞑想法	廖松濤編譯	100元
⑯人生成功之鑰	楊意苓編著	150元
⑲給企業人的諍言	鐘文訓編著	120元
⑳企業家自律訓練法	陳 義編譯	100元
㉑上班族妖怪學	廖松濤編著	100元

㉒猶太人縱橫世界的奇蹟	孟佑政編著	110元
㉓訪問推銷術	黃静香編著	130元
㉕你是上班族中強者	嚴思圖編著	100元
㉖向失敗挑戰	黃静香編著	100元
㉚成功頓悟100則	蕭京凌編譯	130元
㉛掌握好運100則	蕭京凌編譯	110元
㉜知性幽默	李玉瓊編譯	130元
㉝熟記對方絕招	黃静香編譯	100元
㉞男性成功秘訣	陳蒼杰編譯	130元
㊱業務員成功秘方	李玉瓊編著	120元
㊲察言觀色的技巧	劉華亭編著	180元
㊳一流領導力	施義彥編譯	120元
㊴一流說服力	李玉瓊編著	130元
㊵30秒鐘推銷術	廖松濤編譯	150元
㊶猶太成功商法	周蓮芬編譯	120元
㊷尖端時代行銷策略	陳蒼杰編著	100元
㊸顧客管理學	廖松濤編著	100元
㊹如何使對方說Yes	程　羲編著	150元
㊺如何提高工作效率	劉華亭編著	150元
㊼上班族口才學	楊鴻儒譯	120元
㊽上班族新鮮人須知	程　羲編著	120元
㊾如何左右逢源	程　羲編著	130元
㊿語言的心理戰	多湖輝著	130元
51扣人心弦演說術	劉名揚編著	120元
55性惡企業管理學	陳蒼杰譯	130元
56自我啟發200招	楊鴻儒編著	150元
57做個傑出女職員	劉名揚編著	130元
58靈活的集團營運術	楊鴻儒編著	120元
60個案研究活用法	楊鴻儒編著	130元
61企業教育訓練遊戲	楊鴻儒編著	120元
62管理者的智慧	程　羲編譯	130元
63做個佼佼管理者	馬筱莉編譯	130元
66活用佛學於經營	松濤弘道著	150元
67活用禪學於企業	柯素娥編譯	130元
68詭辯的智慧	沈永嘉編譯	150元
69幽默詭辯術	廖玉山編譯	150元
70拿破崙智慧箴言	柯素娥編譯	130元
71自我培育・超越	蕭京凌編譯	150元
74時間即一切	沈永嘉編譯	130元
75自我脫胎換骨	柯素娥譯	150元
76贏在起跑點—人才培育鐵則	楊鴻儒編譯	150元

國家圖書館出版品預行編目資料

女職員培育術／林慶旺編著，——初版
——臺北市——大展，民87
208面；21公分——（社會人智囊；34）
ISBN 957-557-786-8（平裝）

1. 人事管理
494.3　　　　86015343

ISBN 957-557-786-8

女職員培育術

編 著 者／林　慶　旺
發 行 人／蔡　森　明
出 版 者／大展出版社有限公司
社　　址／台北市北投區（石牌）致遠一路二段12巷1號
電　　話／(02) 28236031・28236033
傳　　眞／(02) 28272069
郵政劃撥／0166955－1
登 記 證／局版臺業字第2171號
承 印 者／國順圖書印刷公司
裝　　訂／嶸興裝訂有限公司
排 版 者／千兵企業有限公司
電　　話／(02) 28812643
初版1刷／1998年（民87年）2月

定　　價／180元

大展好書 好書大展